MY new life with rabbit.

うさぎと
はじめる新生活

エムピージェー

うさぎの素顔

この本を手に取ったあなた。
うさぎとの新生活を楽しみにしているところですね。
うさぎは、
おとなしくて、
静かで、
清潔で、
従順な、
とってもかわいい家族になってくれます。
でも、ちょっと待って。
知らないとびっくりすることも意外とあるんです。
ちょっとだけ、外見とは違った一面を
お教えしましょう。

うさぎは、鳴きます。
怒ると鼻を膨らませて「ブウブウ」鳴きます。
うさぎは、暴れます。
食べ物や部屋のレイアウトが
気に入らないと、
足をダンダン踏み鳴らし、
エサ箱を投げ飛ばしたりします。
うさぎは、オシッコを飛ばします。
うさぎは、ウンチを食べます。
どうですか、びっくりしました？
でもかえって、
愛らしさが増したのでは。
そんなあなたなら、
うさぎはあなたのことが
大好きになるでしょう。

たのしい時間を
うさぎと一緒に

Contents

「うさぎとはじめる新生活」では、うさちゃんのモデル写真をTwitterで募集しました。応募いただいた写真を編集部で選定し、各章扉や本文ページで掲載しています。たくさんのご応募ありがとうございました。なお、紹介文については一部割愛している場合があります。あらかじめご了承ください。

第5章
うさぎとのコミュニケーション 67

第6章
うさぎの四季 84

第7章
うさぎの病気 109

CHAPTER

1

うさぎの生い立ち

うさぎを迎えたときから、
あなたはうさぎの一生の伴侶となります。
うさぎの一生は約 10 年。
うさぎとあなたが、しあわせな時間をすごせますように。

投稿者／ルルパフェ さき うさちゃん／ごましお
うさちゃん紹介／キャベツより人参より何よりも白菜が好きな子です♡ ふわふわでわたしの宝物〜

うさぎの赤ちゃん

人でいうと０歳〜１歳ころ。赤ちゃんは全身丸裸で生まれ、母うさぎの毛に包まれて育つ。目は開いてなく、耳も聞こえていない状態。生後４〜７日くらいで耳の穴が開き、生後10日くらいで目が開く。産毛は生後４〜５日で生えそろってくる。

丸裸で耳も小さいけど“うさぎ”です

うさぎの乳離れ

USAGI's AGE
生後4週～6週

人でいうと1歳～2歳ごろ。この頃の時期を離乳期《りにゅうき》という。だいたい生後20日くらいから親うさぎが食べている食べ物に興味を持ち始め、生後30日くらいから母乳を飲む量が減ってくる。完全に乳離れするのは生後6週くらい。

ママのおっぱいは卒業します

うさぎの小児期

人でいうと小学生ごろ。自然ではうさぎは群れで暮らすため、この時期は兄弟とすごし、社会性を身につけている。家庭のうさぎも、この時期に他のうさぎたちと一緒に暮らしたうさぎは、人にも慣れやすくなる。

子どもは遊びが仕事。うさぎもね

うさぎの青年期

USAGI's AGE
生後4ヵ月
〜8ヵ月

人でいうと中学生から高校生くらい。子どもがつくれるまでに体が成長することを性成熟《せいせいじゅく》といって、うさぎの場合、男の子は生後６ヵ月、女の子は生後４〜５ヵ月で迎える。発情行動もこの頃から見え始め、相手は飼い主のことも。

初恋のお年頃。さて、お相手は？

うさぎの壮年期

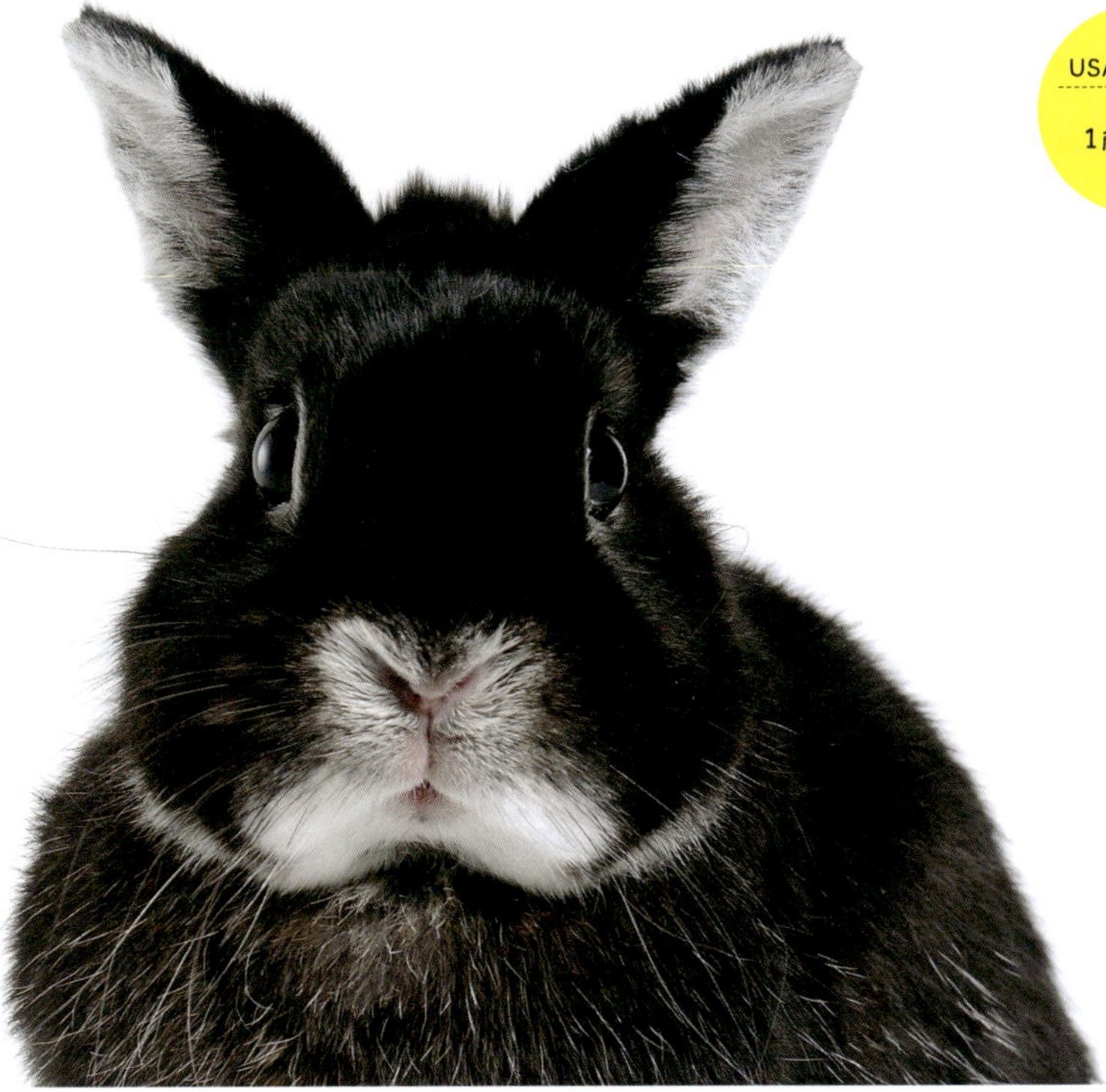

USAGI's AGE

1歳～3歳

人でいうと20代～40代、社会に出て働き盛りの頃。うさぎも、もう立派なおとな。この頃のうさぎが繁殖適齢期。性成熟直後の出産は難産を招くことも。壮年期をすぎた4～5歳くらいになると、発情行動も落ち着いてくる。

かわいいけど、立派なオトナです

高齢のうさぎ

5歳をちょっとすぎたくらいが、人でいう還暦（60歳）頃。若い頃はやんちゃだった性格も、だいぶ落ち着きを見せてくる。それにともなって、体力も衰えてくるので、お世話のしかたも、これまで以上に気遣いを。冬の保温は忘れずに。

5歳から老後を考えよう

CHAPTER

2

「うさぎを迎える その前に」

うさぎを迎える前に、さて何を準備しましょうか。
ケージ？　食事？　それはもちろんですが、
まずはうさぎのこと、自分のこと、
そして法律や病気のことなども予習しておきましょう。

投稿者／夏のこ　うさちゃん／どんちゃん　うさちゃん紹介／膝に顎をちょこんと乗せて、ナデナデして〜と甘えます

うさぎってどんな動物？

うさぎには大きく「ノウサギ」と「アナウサギ」の2種類がある。私たちがこれから迎えようとしているうさぎは、アナウサギのほうの種類で、出身はヨーロッパ。うさぎへの理解を深めるため、まずはアナウサギが自然の中でどのような暮らしをしているのか、さくっと見てみよう。

トンネルで集団生活

アナウサギは、①**地面を掘って**トンネルをつくり、群れで生活している。トンネルには寝室や子育てのための部屋をつくり、日中のほとんどを巣穴で眠ってすごす。活動するのは薄暗くなってから。うさぎは②**夜行性**の動物なのだ。ちなみに、野生のアナウサギが地上にいる時間は1日のうち11～13時間。その半分以上が食事の時間となっている。

なわばりを主張

アナウサギは、巣穴の外の決まった場所にトイレをつくる。このトイレは、群れ共同で使われていて、なわばりの目印の役目も果たしている。そう、うさぎはなわばりを持つ動物。他にも、アナウサギはあごの下に「臭《しゅう》腺《せん》」というにおいを出す器官があり、③**この臭腺を木などにこすりつけ**、自分のなわばりを主張する。

うさぎの危機管理術

群れで暮らすアナウサギには、天敵など危険なものに遭遇したとき、仲間に危険を知らせる情報伝達方法がある。一つは、しっぽをピンと立てる方法。しっぽの裏側の白い毛を仲間に見せることで危険を知らせるのだ。もう一つは、足を④**「ダン！」と打ち鳴らす**方法。これはスタンピングといい、地下のトンネル

に住む仲間たちに危険を知らせるための行動。ちなみに、うさぎの脚力はとても強く、その強力なキックで天敵を撃退することもあるとか。

フンが好物？

うさぎのフンには2種類ある。一つは、よく見かける丸くてコロコロした普通のフン。もう一つは、粘り気があってぶどうの房のようにつながった、少し緑がかったフン。これは盲腸《もうちょう》糞《ふん》といって栄養がたっぷりつまっている。うさぎはこの⑤**盲腸糞をお尻から直接食べる**のだ。初めて見た人は、ちょっとビックリするかも。

プロポーズはオシッコで

うさぎはほとんど1年中が発情期だが、出産に適した春や秋になると、オスがメスに対して求愛行動をとるようになる。その一つが、⑥**オシッコ飛ばし**。これはスプレーといって、オスがメスにオシッコをかけることが、うさぎの世界ではプロポーズなのだ。

うさぎは「ブー」と鳴く？

うさぎは鳴かない静かな動物と思われている。基本的には正解だが、たまに鳴き声（？）を出すことがある。よく聞くのは、興奮したときに出す「ブーブー」という声。これは何かに不満があるときに示す、鼻を鳴らす仕草だ。リラックスしているときには、のどをゴロゴロと鳴らすこともある。また、恐怖を感じたり、痛みなどの苦痛を感じたときには悲鳴をあげることも。これは飼い主としては聞きたくないものだ。

ルーツは群れで暮らすヨーロッパアナウサギ

家庭でもみられる野生のなごり

1

カーペットや床を掘る

うさぎがカーペットや床、トイレ砂を掘るのは、本能がさせること。やめさせることは難しい。掘られたくないところに重い物を置いたり、トイレ砂の種類を変えたりして対応しよう。

2

夜になると元気倍増

家庭で暮らすうさぎは昼行性。それは、先祖何代にもわたって人間と暮らしてきたうさぎの子孫なので、人間の生活サイクルに順応したため。でも、夜になると元気が増すうさぎも多い。

3

ぬいぐるみにあご乗せ

家庭のうさぎでは、家具や壁、ぬいぐるみなどに、あごをすりつける。うさぎはなわばり意識が強く、他にも、散らばすようにフンをしたり、飼い主の足を前足などで攻撃するのもなわばりの主張。

野生のアナウサギの習性は、家庭で暮らすうさぎにも、形を変えて残っている。人から見たら意味不明な行動に思えても、そこにはちゃんとした意味があるのだ。

栄養たっぷりのフン

盲腸糞を食べる行為を食糞《しょくふん》といい、夜間から早朝にかけて食べることが多い。盲腸糞には、タンパク質やビタミンなどが豊富に含まれていて、うさぎにとっては大切な栄養源となっている。

足ダンは怒りの証明

足を「ダン!」と踏み鳴らす行為はスタンピングという。ペットのうさぎは、怒ったり、威嚇したり、不満を訴える時にすることが多い。うさぎは脚力が強いので、スタンピングで骨折することも。

飼い主にも飛ばすオシッコ

飼い主にオシッコを飛ばすのも愛情表現。飛ばされたら洗うしかない。ケージの中からオシッコを飛ばす場合は、オシッコガードをケージに取り付けよう。他にも、飼い主の足のまわりをグルグル回るのも、飼い主のことを好きな証。

自分の体を知ることも大切

アレルギーについて

本当は怖い「アレルギー」

うさぎと暮らし始めたら、ぜんそくや皮膚の湿疹といったアレルギー症状が表れたというケースはたまに見られること。「鼻水くらい」なんてあなどってはダメ。アレルギー症状には、まぶたやくちびるのむくみ、全身のむくみ、吐気、呼吸困難、動悸《どうき》、不整脈などいろいろあるが、最も恐ろしいのはアナフィラキシーショックと呼ばれるもの。呼吸停止や心停止を起こすアレルギー反応で、ときには死に至ることもある。ハムスターにかまれた飼い主がアナフィラキシーショックで亡くなった—こんなショッキングなニュースを聞いたことがないだろうか。今のところ、うさぎにかまれてアナフィラキシーショックを起こしたというニュースは聞いていないが、理論的にはありうること。だから、自分がアレルギー体質かどうかを、うさぎを迎える前に調べておくことはとても重要なことなのだ。

「花粉」の検査も忘れずに

では、どうやって調べたらいい？ 実は、近所の耳鼻科でアレルギー検査は受けられる。耳鼻科でなくても内科のあるクリニック、子どもだったら小児科でもＯＫ。検査項目は大きく分けて「食物」「花粉」「動物」があり、保険で検査できるものは１７０種類以上もある。

うさぎを迎えるにあたり、調べておきたいのは「動物」と「花粉」。「動物」では犬、猫、ハムスターなど動物別に検査することが可能で、もちろん、うさぎを迎える場合はうさぎでの検査を。ただ、近くのクリニックで検査できる項目に「うさぎ」があるかどうかは、受診する前に電話で確認しよう。

そして「花粉」も検査して。意外に思われるかもし

れないが、アレルギーの原因は牧草だった、なんてケースもよくあるのだ。なので、「花粉」の項目にある「イネ科植物」での検査も忘れずに。

「清潔に飼う」は大原則

アレルギーの原因がわかれば対処もしやすくなる。たとえば、うさぎの被毛やフケが原因だったら、迎えるうさぎはミニレッキスなどの短毛種を選ぶとよい。牧草アレルギーの場合なら、牧草の粉が飛び散らないキューブタイプをうさぎに与えるようにする、など。すでにうさぎと暮らしていて、アレルギー症状が出ている場合でも、グルーミングは専門ショップにお願いして、通常より短めにカットしてもらうなど対処が可能だ。

総じていえることは、うさぎと暮らす環境は清潔に保つこと。マスクを付けてこまめに掃除し、可能なら空気清浄機をそばに置いてうさぎの被毛や牧草の粉が宙に舞わないようにするのがベター。過度なスキンシップも避けること。

そして体質改善にもチャレンジ。最近の研究で、ビフィズス菌はアレルギーを低減させることがわかっている。サプリメントやヨーグルトを食べ続けることで、アレルギー症状がやわらぐかも。

近所の耳鼻科で簡単検査。原因がわかれば対処法もわかる

「知らなかった」では済まない法律のこと

動物愛護法《どうぶつあいごほう》について

うさぎを捨てたら100万円以下の罰金

これは「動物の愛護及び管理に関する法律」で定められた罰則。この法律は、通称「動物愛護法」といって、ペットを正しく飼うことを定めたものだ。うさぎだけでなく犬や猫、インコやカメにもあてはまるもの。飼い主は、ペットの健康と安全を守る義務が課せられているのだ。

これに違反し、次のような行為を行った場合は、罰則がある。

- **ペットを殺したり、傷つけた者→2年以下の懲役または200万円以下の罰金**
- **ペットに食事や水を与えずに衰弱させるなどの虐待を行った者→100万円以下の罰金**
- **ペットを捨てた→100万円以下の罰金**

動物愛護法では、他にも、ペットが他人に危害を加えたり、鳴き声やにおいなどの迷惑をご近所にかけないことも、飼い主の責任としている。

暴力だけじゃない "虐待"

虐待《ぎゃくたい》というのは、ぶったり、蹴ったりすることだけではない。動物愛護法を管《かん》轄《かつ》する環境省では、虐待の可能性がある例として、以下の行為を挙げている。

- **食事が十分でなく、骨が浮き上がるほど痩せている**
- **食べ物を入れ替えず、腐っていたり、固まったりして、食べられる状態ではない**
- **器が汚い**
- **水入れに藻がついている、水入れがないなど、新鮮な水を飲むことができない**
- **爪が異常に伸びたまま放置**
- **狭いケージに閉じ込めっぱなし**
- **病気やケガをしているのに、獣医師の治療を受けさせていない**

うさぎは水を飲まない動物と思っている人もいるが、それは間違い。水を飲まなければ死んでしまう。だから、水をあげないことは虐待なのだ。

名札をつけるべし

他にも「むやみに繁殖《はんしょく》させないこと」「飼い主を明らかにすること」も動物愛護法では求めている。

「飼い主を明らかにすること」とは、動物が逃げ出してしまった場合に備え、飼い主の名前や連絡先がわかるよう、動物の体などに施しておくこと。犬ではマイクロチップを体に埋め込むことが推奨されている。

さすがに、うさぎのような小動物にマイクロチップは抵抗感がある。そこまでは必要ないとしても、屋外でお散歩を行うときは、うさぎの服やハーネスに飼い主の連絡先入りの名札などを貼っておくことは必要だ。

そのお店は動物取扱業？

動物愛護法はペットショップなども対象。なので、狭いケージや汚れた器などで飼育しているお店があったら、都道府県庁にいる動物愛護担当職員に相談しよう。立入検査を行い、管理や施設が不適切と判断したら、改善の勧告や命令が出されることになる。

また、動物の販売を行うには、都道府県に「第一種動物取扱業」の登録をしなければならないのも動物愛護法に定められたこと。登録を受けているお店は、登録番号や登録期限などを記した標識を店内に掲示している。見当たらないときは店員に確認しよう。もし、登録せずに営業していたなら、100万円以下の罰金となるのだ。

「器が汚い」「爪の伸びすぎ」も罰金対象なのです

うさぎから病気をもらうこともある

動物由来感染症《どうぶつゆらいかんせんしょう》について

100種類もある動物由来感染症

動物から人へうつることのある病気、それが「動物由来感染症」。またの名を「人獣共通感染症《じんじゅうきょうつうかんせんしょう》」「ズーノーシス」ともいう。狂犬病や鳥インフルエンザなどが有名だが、世界的にみると300種類近く、日本にも100種類近くの動物由来感染症があるといわれている。「動物から病気をもらうこともある」ということは、飼い主としてきちんと頭の中にとどめておきたい事実なのだ。もちろん、うさぎから人へうつる病気も。中でも「皮膚糸《ひふし》条菌症《じょうきんしょう》」と「パスツレラ症」の2つは、特に気をつけておきたい病気だ。

うさぎから水虫がうつる？

皮膚糸条菌症

皮膚糸条菌はカビの仲間で、この菌が皮膚につくとカビが生えてしまう。これが皮膚糸条菌症という病気。うさぎがかかると円形の脱毛が起こる。皮膚糸条菌にもいろいろ種類があるが、うさぎから人にうつる可能性のあるものは、毛そう白癬菌《はくせんきん》という種類。これはなんと水虫の一種なのだ。人に感染すると、円形の赤い発疹《ほっしん》や水ぶくれができたりする。特にお年寄りは発症しやすいので、家族にお年寄りがいる人は注意しよう。

そのせき、風邪じゃないかも

パスツレラ症

パスツレラ症とは、パスツレラ菌による感染症で、うさぎがかかると鼻炎（スナッフル）や中耳炎、結膜炎などが起こる。人がパスツレラ菌を吸い込むと呼吸器系に感染し、くしゃみ、鼻水、せき、微熱といった風邪症状がみられる。放置しておくと肺炎を起こすことも。糖尿病の人が感染すると重症化することもあるので、飼い主本人や家族に

糖尿病の人がいる場合は厳重注意。また、パスツレラ菌は猫にはほとんど100%、犬にも約50%いるといわれており（犬猫に症状は出ない）、犬猫からうさぎに感染する可能性も。

愛情は節度をもって

皮膚糸状菌症は、感染したうさぎに直接さわったり、落ちた被毛やフケからうつることがある。パスツレラ症は、うさぎとキスしたり、食べ物を口うつしで与えたりすることが主な原因。だから、うさぎから病気をもらわないために必要なことは、

- **掃除をこまめにして清潔を保つ**
- **キスなど過度なスキンシップをしない**
- **スキンシップのあとは手洗いとうがい**
- **うさぎの具合がおかしかったらすぐ動物病院**

をきちんと習慣づけること。他にもうさぎからうつる可能性のある病気はいくつかあるが、病気をもらわないための考え方は同じ。もし、風邪に似た症状が出たり、皮膚が赤くなったりしたら病院で診察を。そのときは、うさぎと暮らしていることをきちんと伝えよう。診察の助けになるし、うさぎが病気にかかっていることが判明することも。

そしてもう一つ、とても大切なこと。それは、動物由来感染症といっても、うさぎは加害者ではないということ。飼い主が節度を持って愛情を注げば、うさぎの病気も防げるし、病気をもらうなんて切ない想いをしなくてもすむのだ。

キスはダメよ。
いくらかわいくても

CHAPTER

3

うさぎを迎えよう

世界的には 100 とも 200 とも言われるうさぎの品種。
かわいいうさぎは数あれど、迎えるのにも限度があります。
専門店で人気のうさぎをセレクトしました。
キュートで愛嬌たっぷりなうさぎたちの姿を、ひとまずご覧あれ。

投稿者／ぱみゅ　うさちゃん／バニラ 女の子
うさちゃん紹介／アイラインがくっきりの美うさ。ドワーフ・ホト。笑顔をくれるためにやってきた 幸せウサギ♥

うさぎの選び方

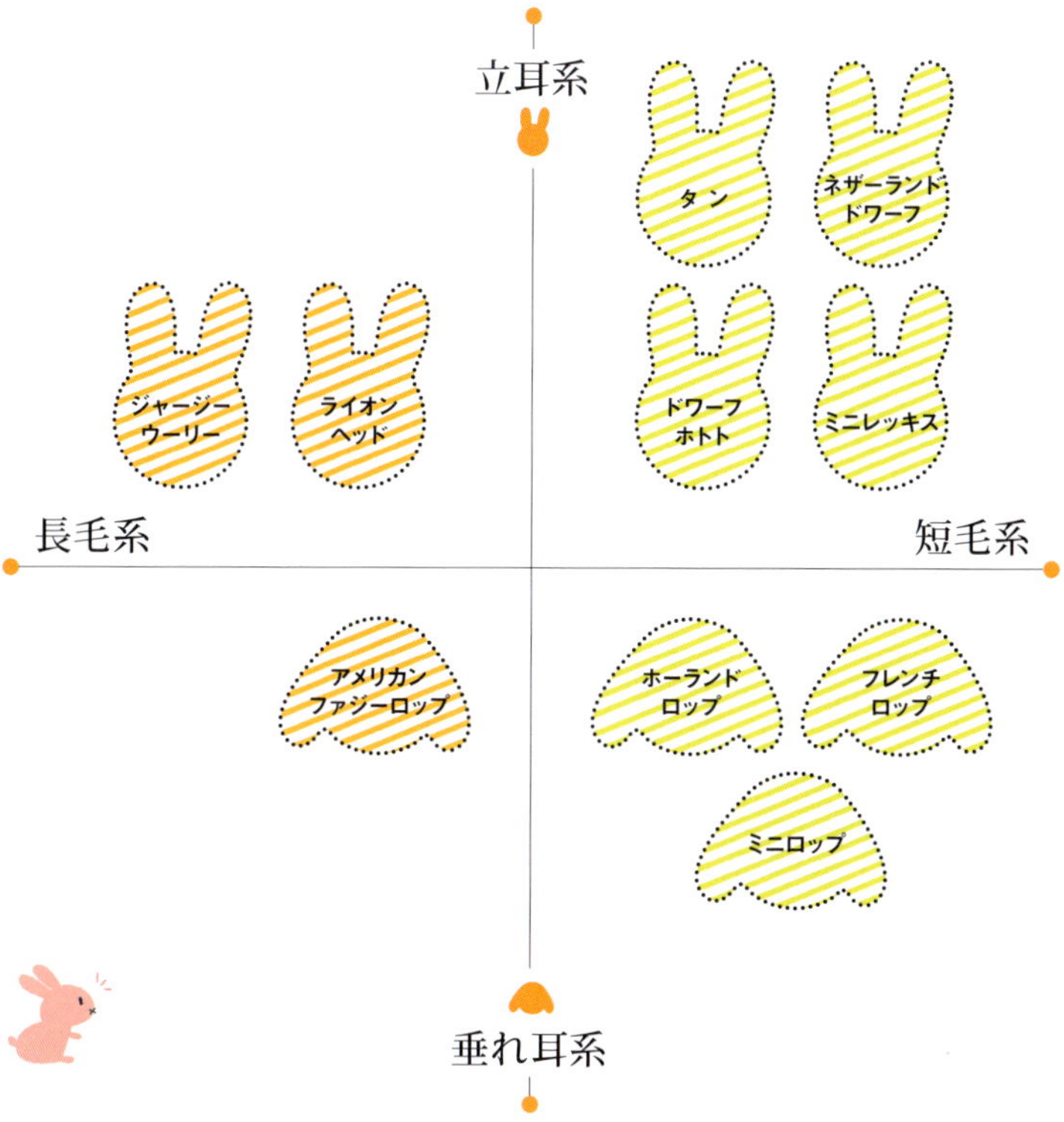

専門ショップへ行こう

人が一緒に暮らす動物として、うさぎほどピッタリくる動物はいないのではー。そう思わせるほど、うさぎは人の生活と相性がいい。たまに「ブーブー」鳴いたり、足を「ダン！」と踏み鳴らすことはあるものの、一般的に言われているように、うさぎは静かな動物。サイズも大きくはないし、トイレも覚えるし、ケモノっぽいにおいもほとんどしないので、都会暮らしにもマッチ。そして、なんといってもかわいい！　人懐こくって、あまえん坊で、やんちゃで、寂

しがり屋。そんなうさぎを迎えられたら、私たちの生活はきっと楽しく彩られるはず。うさぎを迎えようか迷っているあなた。とりあえず街に出て、専門ショップへレッツ・ゴー。うさぎを見ることから始めよう。

どんなタイプがお好み？

飼い主の生活や性格、好みにあったうさぎを迎えたほうが、飼い主にとってもうさぎにとっても幸せってもの。まずは、うさぎのタイプを簡単にご紹介。あなたはどんなタイプがお好み？　うさぎ選びは、恋人感覚でどうぞ。

うさぎを「立ち耳系」「垂れ耳系」「短毛系」「長毛系」とさくっと分類すると、ロップイヤーと呼ばれる「垂れ耳系」は、甘えん坊な性格のうさぎが多い。立ち耳系は独立心が強い傾向があり、中でも耳が小さめのうさぎはちょっと神経質。また、長毛系も穏やかな性格をしている傾向がある。

うさぎを迎えるのが初めてで、抱っこなどのスキンシップを楽しみたい人は、垂れ耳系や長毛系を選ぶのもよいかも。ただし、長毛うさぎは、日ごろから長い被毛のお手入れが必要なことも忘れないで。

体のサイズが小さいうさぎは、生活スペースも小さくて済むので、マンション暮らしでも大丈夫。でも、ずっとケージの中というのも運動不足になって肥満などの原因に。室内散歩などで適度な運動をさせてあげよう。

30ページから品種ごとの性格の傾向も紹介しているので、参考にどうぞ。

男の子か女の子か、それが問題？

また、男の子か女の子かということも、うさぎ選びのポイントの一つだろう。うさぎの場合、男の子と女の子の見分けは、体格上も習性上も見分けがつきにく

いもの。逆に言えば、男の子だからとか、女の子だからというのはあまりないとも言える。一般的には、男の子のほうがなわばり意識が強いので、オシッコを飛ばす「スプレー」をしたりする。しかし、女の子でもまれにみられる行為だ。ただ、女の子の場合、子宮系の病気を発症しやすい。なので、女の子を迎えた場合は、お尻まわりのチェックは日ごろから欠かさず行うことが大切だ。

お迎えは ちゃんとしたお店で

うさぎを専門ショップから迎える場合、まず、そのお店がきちんとしたお店かどうかを見極めよう。動物の販売を行うには、都道府県に「動物取扱業」（専門ショップは第一種）の登録をしなければならない。これは「動物の愛護及び管理に関する法律」（動物愛護法）という法律で定められたこと。ちゃんと登録しているお店は、登録番号などを記した標識を店内に掲示しているので、お店に行ったら、まずは標識があるか、店員さんが名札を付けているかをチェック。ちなみに、インターネット販売やペットシッターも、この法律の対象になっていることも覚えておこう。

やっぱり 元気な子がいいね

うさぎを迎える時期としては、気温が穏やかな春が最適。うさぎの繁殖シーズンでもあるので、専門ショップに行くとかわいい子うさぎがたくさん見られる時期なのだ。また、すずしい秋もうさぎの繁殖シーズンなので、春と秋に、お気に入りの子がいないか探しに行くといいだろう。あなたにピッタリのうさぎが、きっといるはずだ。

お気に入りのうさぎが見つかったら、その子が元気で健康かどうかも確認。以下の点をチェックしてみよう。

- **目がパッチリしている**
- **毛づやがいい**
- **お尻が汚れていない**
- **ご飯をよく食べ、食欲が旺盛**

他にも「よだれが出てあごの下が濡れていないか」「被毛にフケがないか」などもチェックポイント。よだれが出てあごの下が濡れている場合は、不正咬合の可能性が。不正咬合の場合、動物病院で歯を定期的にカットしなければいけない。迎えてすぐ動物病院通いが始まったら、飼い主さんも気が滅入るよね。被毛にフケが見られる場合は、皮膚糸状菌症に感染している可能性が。皮膚糸状菌症は人にも感染するので、うさぎばかりか病気まで家に持って帰ってしまうことになる。また、うさぎが歯ぎしりしているのを目撃したら、体のどこかを痛がっている証拠だ。これらのチェックポイントを1日で把握するのは、ちょっと無理。ショップには数日間通って「うちの子」を見つけるようにしよう。そして気になるところが見つかったら、店員さんに相談。ちゃんと受け答えしてくれるかどうかも、チェックのポイントですよ。

「運命の子」が見つかっても、もう一度だけ再確認しておきたいことがある。それは、うさぎを家庭に迎えたら、その子が一生を全うするまでお世話をする責任（終生飼養）が生じるということだ。さらに、新しい子を迎えることで男女のペアになる場合は、子どもを増やしすぎないようにすることも求められる（適正繁殖）。これらも動物愛護法で定められたもの。ご両親や配偶者とちゃんと相談した？　最後までお世話できるかどうか、きちんと確認しあうことが大切だ。

お迎えする決心がついたら、いよいよお会計。このとき、お店は、お世話のしかたなどを対面できちんと説明しなければならない。これも動物愛護法の決まりごと。お店によっては、その子の性格や癖なども教えてくれることも。ついでに、

近くの動物病院などを聞いてみるのも◎。動物病院選びは悩むもの。クチコミは、病院選びの頼れる情報源なのだ。

うさぎをわが家に迎えたら

うさぎを迎えたら、最初の数日間はそっとしておいてあげよう。うさぎは環境の変化に敏感なので、知らない場所に来てナイーブになっているはず。なので、すぐにスキンシップをとろうとはせず、遠くから見守ってあげよう。

また、環境の変化がストレスになってお腹をくだすことがあるので、胃腸の機能が落ちないように、ペレットとたっぷりの牧草を与えてあげて。飲み水は十分な量が必要だが、水分の多い果物や野菜などは、環境に慣れてから。それでも下痢になってしまったら、大事をとって動物病院へ。そんな緊急の場合に備えるためにも、うさぎをわが家に迎える前に、動物病院を調べておくことは重要だ。

うさぎ選びは恋人感覚でどうぞ

投稿者／アクア＆ハチュ高校生　うさちゃん／パール　うさちゃん紹介／ブルーアイズホワイトのミニレッキスの女の子です！　絨毯のような真っ白な体に青い瞳が輝く美人さんです

ネザーランドドワーフ

catalog 1

アンダー1キロのやんちゃっ子

「ドワーフ」というのは「ちっぽけな」という意味。体重も1キロほどで、うさぎの中でも最も小さなうさぎだ。そんな小さな体のわりには、ちょっと大きめな丸顔が特徴。そこに短くてかわいい耳がピンと立っている。その愛らしさは、イギリスの絵本「ピーターラビット」のモデルになったといわれるほど。カラーも豊富で、選ぶときは、どの子にしようか迷ってしまいそう。

　性格は、ちょっと繊細。でも、人間大好き。

最初は人見知りな一面を見せるかもしれないが、慣れてきたら「なでて」と自分からあまえてくるタイプでもある。好奇心も旺盛なので、活発に動きまわるやんちゃな子になるかも。室内散歩や外でお散歩をするときは、イタズラなどに気をつけて。

Netherland Dwarf

体重　800g ～ 1.2kg
体長　約25cm
特徴　小さな体に丸い頭

ホーランドロップ

catalog 2

キュートな垂れ耳にがっしりボディ

大きく垂れた耳とつぶれた顔が愛嬌たっぷりのホーランドロップ。体重は1.4キロ～1.8キロほどと、大型のロップ系の中でも小さく、コンパクトな品種だ。キュートな見た目とは反対に、筋肉質でがっしりとした体格の持ち主。抱っこを嫌がらない子も多いので、お迎えしたらぜひとも抱っこをマスターしたいところ。ずしっと重みの感じられる体と、柔らかな抱き心地にハマってしまうこと間違いナシ。

音に敏感な立ち耳の

Holland Lop

体重　1.4 ～ 1.8kg
体長　約30cm
特徴　垂れた耳と下ぶくれの顔

うさぎに比べると、穏やかでのんびりとした性格の子が多いのも特徴のひとつ。甘えん坊で、飼い主にべったりになってしまううさぎも多く、一度一緒に暮らすとそのかわいらしさに虜《とりこ》になってしまう人も多い。

アメリカンファジーロップ

catalog 3

ふわふわヘアが目を引くオシャレさん

垂れた耳とコンパクトな体を持つホーランドロップと、フワッとした長い毛並みを持つアンゴラの魅力を合わせ持ったうさぎ。ホーランドロップ同様に長く垂れた耳と、ずんぐりとした体格が特徴。全身が長めの毛で覆われているので、手ざわりもふわふわとしており、その愛らしい姿はまるで動くぬいぐるみのよう。

性格は人なつっこくてあまえんぼう。その一方、好奇心旺盛でアクティブ、気が強い子が多いのも特徴。お世

American Fuzzy Lop

体重　1.4～1.8kg
体長　約30cm
特徴　垂れた耳にふわふわの毛並み

話は、他のうさぎと比べると少し大変かも。毛が長くからまりやすいので、日々のグルーミングを忘れずに。季節の変わり目の換毛期には毛球症に、また梅雨時には皮膚病に注意しよう。暑い夏はうさぎ専門店でサマーカットにするのも◎。

ジャージーウーリー

catalog 4

容姿も性格も〝おっとり〟お嬢様

丸いシルエットにフワフワとした長い毛並みが特徴。ネザーの血を受け継いでいるためか、体も耳も小さめ。性格はおっとりしていて、いいところのお嬢様のよう。抱っこを嫌がらない子も多く、かわいらしい容姿とおっとりした人柄（兎柄？）にファンも急増中だ。長毛種と暮らしてみたい初心者にオススメのうさぎ。

長く柔らかい毛並みから、一見お手入れが難しそうに見えるが、からみにくい毛質のため、他の長毛種に比べ

るとグルーミングがしやすく、お手入れが簡単。ただ、お尻やお腹まわりは特に毛も長く汚れやすいので、グルーミングを念入りに行うことを忘れずに。ケージ内も毛が汚れないように、トイレや給水ボトルなどの水まわりは常に清潔にしておこう。

Jersey Wooly

体重　1.3 ～ 1.6kg
体長　約30cm
特徴　羊毛のような毛並みと小さな体

ドワーフホトト

catalog 5

黒いアイラインが美人顔の証

真っ白な体に大きな黒い瞳が人目を引くドワーフホトト。ネザーランドドワーフとのミックスなので、耳も短く体もコンパクト。体も全体的に丸みを帯びている。特徴はなんといっても、目の周りに入った綺麗なアイライン。均等に入った黒い縁取りが、つぶらな瞳をより一層引き立てるチャームポイントになっている。

ネザー同様に短毛種なので、お手入れもしやすい。また、体が小さいため、生活スペースも場所をとらず、都

Dwarf Hotot

体重　1.1〜1.4kg
体長　約26cm
特徴　目の周りのアイラインと真っ白な体

会や集合住宅などでも暮らしやすいうさぎ。性格は好奇心旺盛で、物怖じしない子が多いので、楽しく暮らすことができるだろう。希少な品種のため、出会える専門店やブリーダーも少ない。お迎えしたい時は、マメに専門店やサイトを覗いてみよう。

ミニレッキス

catalog 6

毛並みの美しさはうさぎ界ピカイチ

均整の取れたスマートなボディに、光沢のある毛並みが特徴。手ざわりの良い独特の毛並みは、ベルベッドやビロードの生地に例えられることも。レッキスのドワーフ種なので、スタンダードタイプよりも体はひとまわり小さめ。性格は温厚で、人なつっこい子が多く、うさぎを迎えるのが初めてでも暮らしやすいうさぎ。凛とした顔立ちとちぢれたヒゲも、キュートなチャームポイントだ。

抜け毛が少なく、被毛が短いので、グルー

ミングの手間がかかりにくいのも人気のひとつ。ただ、レッキス種は足裏がデリケートなため、注意が必要。床材を選ぶ時は、自然素材のマットや、衝撃を和らげる樹脂マットを使うなど、足の負担になりにくいものを選ぶのがベター。

Mini Rex

体重　1.6 〜 2.0kg
体長　約35cm
特徴　美しい毛並みとスマートなボディ

ライオンヘッド

catalog 7

ライオンのたてがみを持つうさぎ

「ライオンラビット」とも言われることがあるが、その名前が示すとおり、ライオンのたてがみのような被毛が特徴。5～7㌢ほどのふわふわの被毛が顔の周囲をおおっており、たてがみからは短めの耳がピンと立っている。たてがみは、毛玉ができないよう、定期的にグルーミングをしてあげよう。

　体はコンパクトで、丸みをおびた体つき。首がないかのように、ちょこんと頭部が乗っかっている。発達したマズル（口鼻）とつぶ

らな瞳もチャーミングポイントの一つ。
　とてもフレンドリーで人馴れする子が多いので、一緒に暮らしやすいうさぎ。穏やかな性格の一方で、動作は元気いっぱい。我が強くなる子もたまに見られる。

Lion Head

体重　1.3 ～ 1.7kg
体長　約30cm
特徴　ふわふわのたてがみ

タン

catalog 8

麗しのタンカラー、スタイルも抜群

品種名の「タン」というのは色の名前で、黄褐色のこと。首から胸、お腹、しっぽの裏側などが鮮やかなタンカラーに染まっており、この特有の模様はタン・パターンと呼ばれている。顔や背中の色が黒色のタンをブラックタンといい、他にブルータン、ライラックタン、チョコレートタンがいる。

また、首筋からしっぽの付け根にかけての線が、ゆったりとしたアーチ型をしているのもタンの特徴。頭部や手足のバランスもよ

く、抜群のプロポーションが魅力的。
体は丈夫で活動的。性格はフレンドリーだが、やや自己主張は強めの傾向も。短毛なのでグルーミングも手間がかからず、暮らしやすいうさぎだ。

Tan

体重　1.8～2.5kg
体長　約40cm
特徴　鮮やかなタン・パターン

フレンチロップ

catalog 9

体格はがっしり、性格はどっしり

ロップイヤーの中で最も大きなうさぎ。骨太で筋肉質のがっしりとしたボディに、貫禄すら感じる堂々とした面構え。その存在感は、まさにうさぎ界の横綱といった貫禄。まれに10キロ近くまで大きくなるうさぎもいる。胸、背中、お尻まわりの肉付きがよく、ずっしりとした抱き心地は、小型うさぎとは違う充足感が味わえる。性格もどっしりとしている子が多く、とても温和。人と遊ぶことが大好きなうさぎでもある。

飼育は、他の小型う

さぎと同じように考えては×。小型犬よりも大きくなるので、生活環境にもそれなりの大きさが必要。重い体重を支える足の裏は、飛節びらんに要注意。適度な運動をさせないと、体重もどんどん増えてしまう。うさぎに慣れた経験者向きかも。

French Lop

体重　4.5～6.5kg
体長　約50cm
特徴　ロップで最大の品種

ミニロップ

catalog 10

アメリカの〝抱きたいうさぎ〟No.1

「ホーランドロップより大きくて、でもフレンチロップだと大きすぎる……」なんていう方、ミニロップはいかが？　ミニロップは、ちょうどホーランドとフレンチの間くらいの大きさ。日本ではまだ珍しい品種だが、アメリカでは〝垂れ耳〟といえばミニロップが一番人気なのだ。人気の秘密は、抱き心地抜群のほどよい重量感。そして、思わず笑顔がこぼれてしまう、ずんぐり&どっしり体型。後ろ足と腰が発達していて、下半身もがっしり。

キュートで頼もしい容姿も人気の一つ。
　明るくて無邪気な性格に、大型うさぎの持つ「穏やかさ」がプラス。人懐こくて、人当たりもいいので、どんな人とも仲良しに。初心者の人で一緒に暮らしやすいうさぎだ。

Mini Lop

体重　2～3.5kg
体長　約45cm
特徴　ずんぐり＆どっしり

ミニウサギ

catalog 11

大きなミニもいます。〝雑種〟ですから

ミニウサギというのは、これまで紹介してきたような品種名ではなく、言ってしまえば、いわゆる雑種うさぎのこと。どうして「ミニウサギ」と呼ばれているのかはわからないが、文字通り小さいミニウサギもいれば、大きくなるミニウサギもいる。雑種なだけに、カラーも模様もさまざま。その分、その子だけにしか見られない個性的な模様が出てきたり。そんな魅力も、ミニウサギならでは。

性格もさまざまだが、おとなしくておっ

とりしている傾向がある。人になつきやすい子も多いが、どんな子に育つかは、結局のところ成長してみないとわからない。また、雑種は体が丈夫と一般的によく言われるが、それほどの差はない。むしろ環境に左右されることのほうが多いので油断は禁物。

Mini Usagi

体重　1～3.5kg
体長　25～50cm
特徴　カラーや模様がさまざま

CHAPTER 4

うさぎの飼い方

うさぎとの新生活には、大げさなものはなくても大丈夫。
「これさえあれば」のベーシックスタイルと
うさぎも嬉しい、ちょっとしたプラスαをご紹介します。
さあ、うさぎ支度を整えましょう。

投稿者／うさもり　うさちゃん／ちくわ　うさちゃん紹介／美乳マフがチャームポイントです！
美人な３歳のお姉さんです！　名前の由来は柄がちくわみたいだったからです！

自然でのうさぎの暮らし

私たちと暮らすうさぎは、アナウサギという種類のうさぎを家族として迎えたもの。人間と一緒に暮らすとはいえ、うさぎの生活スタイルに、なるべく自然での暮らしを取り入れてあげたほうが、うさぎも喜ぶというもの。まずはアナウサギの自然での暮らしをおさらいしよう。

食事は野草や若芽

アナウサギは、草原や森林、草木のある丘陵地帯で、地面にトンネルを掘り、巣穴を作って暮らしている。この巣穴をワレンと呼び、2～8匹のうさぎが暮らしている。食性は草食で、野草やその根、若芽、木の皮や若木、木の実などを食べる。人間の生活圏と近いところで暮らすアナウサギでは、畑の作物などを食べにくることもある。

私たちにとってはかわいらしいアイドルでも、地域によっては害獣として深刻な問題をもたらすことも。アナウサギは、環食《かんしょく》といって、樹木の表皮を環状に食べてしまうため、土地を裸地化してしまったり、オーストラリアやニュージーランドでは牧草を食べつくしてしまい、農家の人を困らせたりしている。

年中発情状態

自然下のメスうさぎは妊娠を繰り返し、1年に5～6回も出産するといわれている。それはうさぎが、発情期が極端に長い動物だから。これは、うさぎが交尾の刺激によって排卵が起こる「交尾誘起排卵《こうびゆうきはいらん》」という排卵様式をもちあわせているため。これに対し、交尾刺激がなくても自然に排卵が起こることを「自然排卵」といい、犬や人間などほとんどの動物がこれにあたる。この場合、排卵が起こる時期に合わせて発情期が来るのだが、うさぎは交尾誘起排卵のため、1ヵ月に数回、

1日程度の発情休止期がある以外は、年中発情状態というわけ。このような動物を「交尾排卵動物」といって、うさぎ以外では猫もそう。

うさぎの場合、男の子だと思っていたら女の子だった……ということがたまにある。妊娠して発覚！なんてことにならないよう、今一度確認してみよう。

高温と湿気が苦手

アナウサギは高温と湿気に弱い動物。自然下では、暑ければ涼しい巣穴の中で暑さをしのいでいる。うさぎは、人間のように汗腺《かんせん》が発達していないため、汗をかいて体温を調節することができない。そのかわり、長い耳には血管が張り巡らされていて、ここで体温の調節をしているのだ。水はよく飲む。水分が不足すると、自分のオシッコを飲んでしまうので、たっぷりの水が必要だ。

周りは天敵だらけ

アナウサギはイタチやキツネなどの哺乳類、ワシやタカなどの猛禽類《もうきんるい》と、天敵が非常に多い被捕食動物。したがって、とても神経質で臆病な性質を持っている。過度な恐怖は、うさぎをショック死に至らしめることも。環境にも敏感で、ちょっとした物音もストレスとなり、健康への影響が大きいので気をつけよう。

うさぎは臆病《おくびょう》で神経質な草食動物

男の子・女の子の見分け方

男の子と女の子を見分けるポイントは生殖器。しっぽの付け根あたりに肛門があり、そこからお腹側に生殖器がある。生殖器の形が円筒状で、先端に小さな穴があいていたら男の子。縦に割れ目が入っているのが女の子だ。他にも大人のうさぎだったら、首の下に二重あごのようにお肉がついていたら女の子。これは肉垂と呼ばれるもの。

食事の与え方

牧草はいつでも食べられるように

うさぎに与える食事は牧草＋ペレットが基本。ペレットというのは人工飼料のことで、うさぎに必要な栄養素を固めた固形の食べ物のこと。長年の研究により、うさぎにとって必要な栄養素がバランスよく配合されている。ペレットには通常の大人用以外にも、子うさぎ用や繁殖用など、うさぎの状態によっても選べたりするので、とても便利だ。

「じゃあペレットだけで十分では？」というと、それだけでは不十分。牧草をたっぷりあげることも必要だ。なぜかというと、牧草を与えることによって、咀《そ》嚼《しゃく》回数が増え、歯をすり減らす作用があるから。うさぎの歯は常生歯《じょうせいし》といって、一生伸び続ける。適切な長さにキープするためには、歯が磨り減っていかなければいけないのだ。ペレットだけでは歯が磨り減らず、歯が変な方向に伸びてしまう不正咬合《ふせいこうごう》の原因になるので気をつけよう。

また、牧草には「食べるのに時間がかかる」というメリットもある。逆に「デメリットでは」と思われるかもしれないが、うさぎは食べるのに時間をかける動物なのだ。野生のアナウサギは1日11～13時間を地上ですごすが、そのうちの30～70％が食事の時間。もちろん、食べ物を探す時間も含まれているが、それでも食べる時間がかなり多いのだ。家庭で暮らすうさぎでも、食事にかかる時間が減ると、活動しない時間（退屈な時間）が増え、それが「被毛を食べる」などの問題行動につながることがある。退屈な時間を減らすという意味でも、牧草をたっぷり与えることは重要なのだ。

ペレットは商品の説明書に書かれた用量を朝と夜の2回に分けて与える。うさぎは夜行性なので、夜のほうをちょっと多めにするとよい。牧草は、いつでも食べたいときに食べられる

ようにしてあげて。牧草フィーダーには常に牧草がたっぷり入っている状態か、床材として牧草を敷いてあげると◎。

果物や野草はコミュニケーション用

専門ショップで売られているうさぎ用のおやつやサプリメント、果物や野草などを与えるときは、うさぎとコミュニケーションをとるときに使ってみて。抱っこやグルーミングのときにあげると、しつけの役にも立って一石二鳥。他にも、食欲がないときに食欲を刺激するのにも使える。食事のメニューの一つとしてあげるよりは、コミュニケーションツールとして直接手からあげるようにすると、うさぎとの関係に幅ができてくるのでおすすめ。

ただし、ポテトチップやチョコレートといった私たち人間が食べるおやつは×。うさぎにあげてはいけない食べ物は79ページ参照。

水もたっぷりあげよう

うさぎは水をたくさん飲む。一昔前は、水は飲まないなんて言われていたけど、それは大間違い。1日に体重1キロあたり100㎖の水が必要なのだ。水分が不足すると胃腸機能が低下して、毛球症《もうきゅうしょう》の原因になったりする。いつでも新鮮な水が飲めるようにしてあげて。

飲み水はお皿に入れるより、給水ボトルであげたほうがベター。うさぎは、機嫌が悪いとお皿をひっくり返したりするし、飲み水にフンやオシッコが入ると衛生的にもよくない。

新鮮な食事と水をしっかり与えることは飼い主の義務。逆にそれができなければ、動物虐待《ぎゃくたい》に値する行為だということを肝に銘じておこう。

投稿者／ザッキー　うさちゃん／百恵
うさちゃん紹介／食いしん坊で、おてんばなホーランドロップイヤーの女の子。仕事から疲れて帰ってきた主を、モフモフで癒してくれる（●´ω`●）

食事の基本は牧草＋ペレット

食事にもある法律

食事に関する法律もある。「ペットフード安全法」といって、安全な食べ物を動物に与えるため、成分や製造法を定めたもの。これに伴い、ペットフードには「名称」「原材料名」「賞味期限」「製造業者等の名称または住所」「原産国名」の表示が義務付けられている。ただし、残念ながらこれは犬と猫の話。でも、うさぎの食べ物を選ぶときにも、表示があるものを選ぶようにしよう。

ペレット（人工飼料）

ラビットグルメ
毛球ケアフード
メーカー／ドギーマンハヤシ

ラビットフード
ヘルシープレミアム 600g
メーカー／フィード・ワン

バニーセレクションプロ・
グルテンフリー メンテナンス チモシーヘイ
メーカー／イースター

うさぎ元気乳酸菌入り
メーカー／マルカン

ラビット・プラス
「ダイエットメンテナンス」
メーカー／三晃商会

ラビットプレミアムフード
メーカー／GEX

うさぎに必要な栄養素をバランスよく配合

牧草は食べ放題OK！

牧草

ごち草（そう）キューブ
メーカー／マルカン

北海道
ファーストチモシー
メーカー／三晃商会

ラビット
プレミアムチモシー
メーカー／GEX

OXBOW
ウエスタンチモシー
メーカー／川井

牧草の種類

ひと口に牧草といってもさまざまな種類がある。大きく分けるとイネ科とマメ科があり、イネ科にはチモシー、オーチャードグラス、イタリアンライグラス、オートムギ（オーツヘイ）、バミューダグラス、マメ科にはアルファルファ、アカクローバ（アカツメクサ）、シロクローバ（シロツメクサ）などがある。うさぎには、基本的にイネ科の牧草を与えよう。イネ科の牧草は低タンパク、高繊維でうさぎの食事として最適。マメ科の牧草は高タンパクなので、子うさぎや病後のうさぎなど、栄養が特に必要な状態の時に与えるようにしよう。

　ショップで一般的に販売しているのは、牧草を乾燥させた乾牧草。5月くらいになると、刈りたての生牧草が販売されるので、それをうさぎに与えるのも◎。また、牧草を固めたキューブもあるので、牧草アレルギーなどで牧草が苦手な人は利用してみよう。

新鮮食材を控えめに

○野菜、果物

トウモロコシ
粒の部分よりヒゲと皮の部分をよく食べる。緑の濃い皮が好き。

小松菜
カルシウムを豊富に含んでいるので与えすぎに注意して。

バナナ
やわらかな舌ざわりと甘みでうさぎ好きだが、主成分はでんぷんなので量は控えめに。

パイナップル
たんぱく質分解酵素含有。科学的根拠は未明だが、フンに毛がたくさん排泄される。

りんご
繊維質が多く、嗜好性も高いので大好物なうさぎが多い。

イチゴ
うさぎにはヘタと一緒に。ヘタだけを食べるうさぎも。

柿
ヘタや皮の部分も食べるので実とセットで。種は抜いておこう。

みかん
薄皮と白いスジ付きでOK。すっぱいのが苦手なうさぎは食べないことも。

ピーマン
ヘタの部分は食べるが、種と白いワタは取るようにしよう。

チンゲン菜
白い茎の部分は残すことが多いので、茎を分けて与えよう。

ニンジン
葉の部分も食べるので葉付きのニンジンを。食後のオシッコは赤色になる。

ミニトマト
トマトの赤色には抗酸化作用のあるリコペンが。水分が多いので控えめに。

おいしい食べ物は、うさぎも大好き。新鮮な野菜や果物をあげて、おいしく安全な食生活を送らせてあげよう。ポイントは「安全」。成分によってはあまりあげられないものもあるのだ。

うさぎに必要な栄養素は繊維質《せんいしつ》。ニンジン、小松菜、キャベツ、白菜、チンゲン菜、りんごは繊維質が豊富。新鮮なものを洗って、水気をきって与えよう。トウモロコシ、さつまいも、バナナは、主成分がでんぷんなので控えめに。うさぎはカルシウムを取りすぎると尿石症《にょうせきしょう》の心配があるので、ほうれん草や小松菜はごく少量で。果物は、軟便や下痢の原因になるので控えめにしよう。

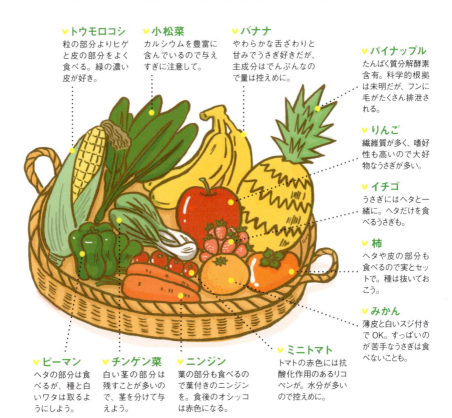

サプリメント・おやつ

パパイヤサプリ
メーカー／三晃商会

りんりんりんご
メーカー／GEX

ウサギのストレスケアスナック
メーカー／ドギーマンハヤシ

フルーツミックス
メーカー／マルカン

「栄養的にはペレットと牧草を与えていれば問題ない」なんてよく言うけど、それではちょっと味気ない。うさぎだって無味乾燥なものより、風味のある食べ物のほうが好きなのだ。市販されているうさぎ用おやつは、果物や野菜をドライフードにしたものが多いので、そんなに神経質にならなくても大丈夫。

でも、おやつばかりあげていると、肥満になってしまったり、ペレットや牧草を食べなくなったりするので、やっぱりあげすぎには注意しよう。食事のメニューとしてあげるより、おやつはコミュニケーションやしつけのツールとして使ったほうが、うさぎにとっても飼い主にとっても一石二鳥。ただし、おやつはおやつでも人が食べるおやつは、中毒を起こす成分などが入っていることもあるのでNG。

うさぎの「食」によろこびを

住まいのレイアウト

うさぎの住まいにとりあえず必要なものはケージ、エサ入れ、給水ボトル、トイレの4つ。牧草入れやかじり木などは必要に応じて入れてあげよう。

ケージは、もちろんうさぎ専用ケージをチョイス。大型うさぎの場合は、犬用ケージもOK。ただし、床がフラットのものが多いので、床材としてすのこを用意しよう。また、ケージの扉を開けてしまううさぎもいるので、うさぎが開けられないようなロックをしておくと安心だ。

ペレットを入れるエサ入れは、扉付近に置くと補充に便利。ひっくり返すうさぎもいるので、ケージに固定できるタイプがおすすめ。重みのある陶器製も◎。牧草は、牧草フィーダーに入れるか、床材として敷くといいだろう。うさぎが頭を下げて床から牧草を食べる姿勢は、野生での食事の姿勢とほぼ同じ。うさぎが牧草フィーダーから牧草を食べないという場合は、牧草を床に置いてみるといいかも。この姿勢なら食べてくれるかもしれないぞ。飲み水は、衛生面から給水ボトルがベター。水の減りが確認できるところに取り付けよう。

トイレは、扉から遠い床の隅に。トイレ砂は、すのこ付きのトイレならペットシーツを。すのこ付きでない場合は、木製のペレットタイプのだと、うさぎがかじっても安心。

ケージやトイレをかじってしまううさぎには「かじり木」を置いておくといいかもしれない。かじり木は、木の棒からフェンスタイプ、ボールタイプなどいろいろな種類があるので、いろいろ試してみるのもよさそう。かじり木を選ぶポイントとしては、針葉樹のかじり木は避けたほうが無難。針葉樹はアレルギーを起こすことがあるので、りんごなどの果実系やクヌギなどの広葉樹を選ぼう。公園などで拾った広葉樹の木を、熱湯消毒してからあげるのもいいのでは。

エサ入れ、給水ボトル、トイレで まずはシンプルレイアウト

ケージ

掃除のしやすい
ラビットケージ SSR-750
メーカー／アイリスオーヤマ

クリアケージ S
メーカー／マルカン

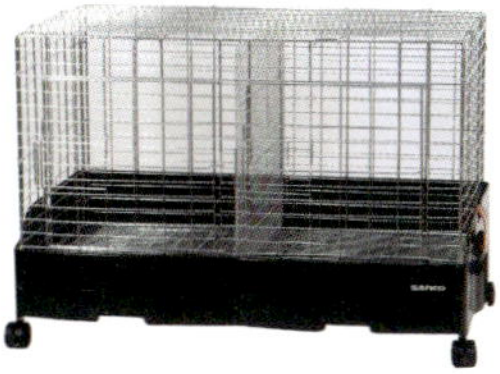

イージーホーム 80 PRO
メーカー／三晃商会

コンフォート 80
メーカー／川井

ケージの置き場所

うさぎは環境にとても敏感な動物。住まい環境のストレスは、健康への影響が大きいので要注意。

まずはうさぎの臆病《おくびょう》な性格を考え、ケージは部屋の隅に置くようにしよう。湿気に弱い動物なので、暗くじめっとしたところは避け、かつ温度変化が少ないところを選んであげて。うさぎ飼育に適当な室温は20～25度、湿度は40～60パーセント。さらに以下のような場所もNG。

×テレビの近くなどうるさいところ
×出入り口の近くなど人通りが多いところ
×直射日光やすきま風が当たるところ
×犬や猫などと同部屋

廊下や物置などもできるだけ避け、部屋の快適な場所をうさぎの住まいにしてあげよう。

横になっても、立ち上がっても大丈夫な広さを

すのこ選びはうさぎ専用を

すのこ

小動物快適ケージ
別売スノコ U-40
メーカー／アイリスオーヤマ

ラビットケージ DX 用
木製すのこ
メーカー／マルカン

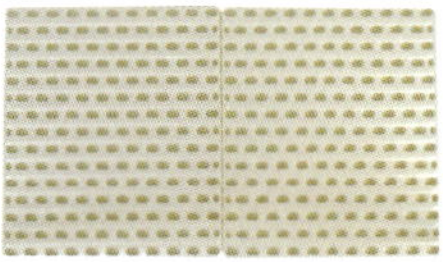

イージーホーム 80用
樹脂休足フロアー
メーカー／三晃商会

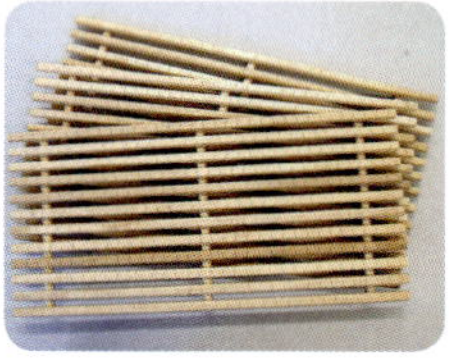

かじり木スノコ３枚組
メーカー／川井

ペットシーツや新聞紙はすのこの下に

うさぎの足の裏は、全体が毛で覆われているため、ツルツルした床が苦手。犬用ケージや、部屋の片隅をサークルなどで囲ってうさぎの住まいとする場合、床に敷く床材としてすのこなどを用意してあげよう。すのこには木製、プラスチック製、金網などがある。昔は、固い金網は飛節《ひせつ》びらんの原因となっていたが、うさぎ専用のものなら問題ない。すのこ選びは、足が挟まったりする可能性もあるので、１００円ショップや金物屋などで販売されているうさぎ飼育用ではないものは避けた方が無難。

すのこの下には、新聞紙やペットシーツを敷くと掃除が便利になるのでよいが、床材として使用するのは、うさぎがかじって食べる可能性があるので、あまりよくない。タオルも床材としては不適。すのこ以外の床材では、牧草や藁《わら》がおすすめだが、お手入れがちょっと大変。

エサ入れ & 給水ボトル

ペット用給水ボトル
レギュラーサイズ
メーカー／アイリスオーヤマ

うさぎの牧草 BOX
固定式
メーカー／ GEX

小動物の
壁に掛ける食器
メーカー／ドギーマンハヤシ

食べやすく、清潔に保てるものをセレクト

トイレ用品

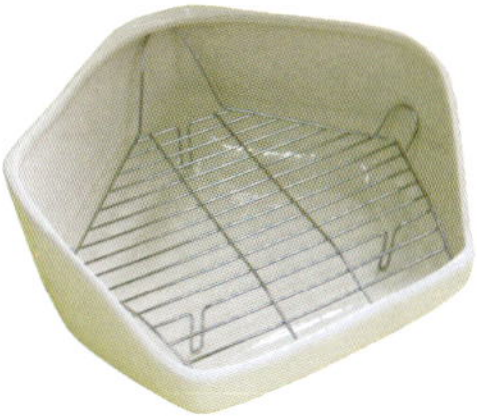

レストルーム
メーカー／川井

小動物用シーツ
メーカー／アイリスオーヤマ

正方形ラビレット
ミルキーホワイト
メーカー／ GEX

お尻がすっぽり入る大きめがベター

ケア用品

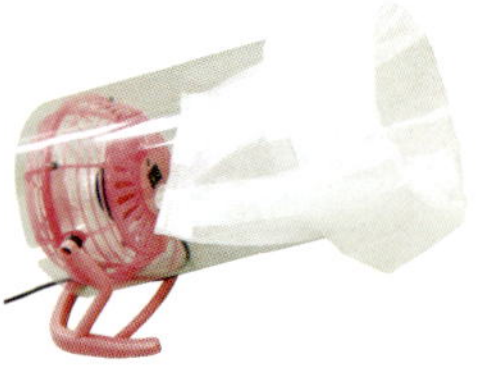

グルーミング集毛器　PINK
メーカー／川井

ラビットエステ
ラバーブラシ
メーカー／GEX

ウサギの
カーブ型つめきり
メーカー／ドギーマンハヤシ

きれいな爪と毛艶はうさぎのエチケット

その他のグッズ

うさぎの
おでかけバッグ
メーカー／マルカン

涼感 天然石　M
メーカー／三晃商会

ダブルナスカン
メーカー／川井

うさぎライフが楽しくなるプラスαグッズ

CHAPTER

5

うさぎとのコミュニケーション

大好きな飼い主にやさしくなでられたら、
気持ちよさそうに眠ってしまう。
心のこもったふれあいは、言葉以上に気持ちが通うもの。
うさぎといい関係を築きましょ。

投稿者／みあら　うさちゃん／マカロン　うさちゃん紹介／うさぎって懐くんだ……と教えてくれた我が家の１羽目のうさちゃん

トイレのしつけ

うさぎは、一定の場所にフンやオシッコをする習性がある。なので、特別なしつけはしなくとも、トイレを覚えることが多いのだ。トイレを覚えてもらうコツは、飼い主の都合でトイレを決めるのではなく、「うさぎがしたいところをトイレにする」こと。

トイレの設置場所

特に何をしなくても、うさぎはケージ内の四隅のどこかにフンやオシッコをするもの。だから、そこにトイレを置けばOK。

室内散歩でも同じ

うさぎが室内散歩時にするオシッコやフンも、一定の場所にすることが多い。その場所をトイレにしてあげよう。また、トイレが終わってからお散歩というパターンをつくれれば、それはそれで◎。

トイレ場所を誘導

うさぎがトイレと決めた場所は、飼い主にとって都合が悪いことも。目をつむってほしいところだが、トイレを徐々にずらすことで、飼い主がしてほしいところに誘導するのも可能。

トイレのお掃除は？

トイレをお掃除するときは、ペットシーツやトイレ砂を取り替えた後、ほんのちょっとでいいのでフンを再び載せる。うさぎはにおいでトイレを認識するのだ。

以上のように、トイレのしつけはとてもカンタン。でも「なかなか覚えないんです」というお悩みも実は多い。では、なぜ覚えないのか、その原因を推理してみよう。

✕ 大きさが合っていない

トイレの大きさが合っていないのかも。うさぎのトイレは、お尻がすっぽり入る大きさがベスト。うさぎがトイレの段差を気にしていないかもチェック。

×まだ子うさぎだ

性成熟前の子うさぎの場合、トイレの場所が定まらず、あちらこちらにすることが多い。体が成長してくるにしたがってトイレの場所も決まってくるので様子をみよう。

×トイレやトイレ砂が気に入らない

トイレそのものや、中に入っているトイレ砂が気に入らない場合も。トイレ砂は「砂タイプ」「ペレットタイプ」「ペットシーツ」といろいろあるので、取り替えてみて。シュレッダーにかけた新聞紙もトイレ砂になる。

ウッドチップの場合

トイレ砂にウッドチップを使うこともよくあること。これ自体はなんら問題ない。ただ、針葉樹系のチップを苦手とするうさぎもいる。針葉樹系チップは、防臭性があってよいのだが、うさぎによってはクシャミなどのアレルギー性の反応を示すことがあるので、気をつけてあげよう。

×実はちゃんとしている

すべてのフンやオシッコをトイレでしてほしいというのはちょっと望みすぎかも。なわばりの主張や発情行動としてフンやオシッコをすることもある。多少のことは目をつむろう。

トイレを覚えないからといって、怒鳴ったりして怒ってはダメ。うさぎは怒られたことが理解できず、飼い主を怖がるようになってしまう。なかなか覚えなくても、気長にしつけていこう。

うさぎが「したい」ところをトイレにしよう

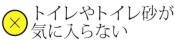

スキンシップのしかた（なで方）

初なでなでにトライ！

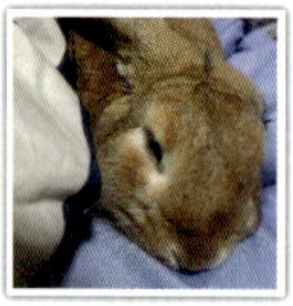

① となりに座る

いきなりさわろうとしないで、まずはケージのとなりに静かに座ることから。やさしく声をかけて、安心させてあげよう。

② 手を入れるだけ

次はケージの中にゆっくりと手を入れる。まだうさぎにはふれないように。食事の取替えなどもゆっくり、静かに。手に慣れさせて。

③ 手からおやつを

手を徐々にうさぎに近づけよう。このとき、手にはおやつを。「手はごほうびをくれる」と覚えさせちゃおう。うさぎが身構えたら、距離をとって再チャレンジ。

④ 人差し指で鼻をなでる

うさぎとの初ふれあいは、人差し指でうさぎの鼻先を軽くなでることから。動きはゆっくりと。なでたあとはおやつでごほうび。

⑤ 手のひらで頭をなでる

ふれられることに慣れてきたら、手のひらで頭をそっとなでなで。毛並みにそってなでるのがコツ。

投稿者／春　うさちゃん／つくね　うさちゃん紹介／頭がお尻のように割れています！　食いしん坊で何にでも興味津々大はしゃぎする子ですが、撫でられる時はダラっと溶ける可愛い相棒です

スキンシップはコミュニケーションの基本。迎えてすぐになでさせてくれるうさぎもいるけど、やっぱり最初は警戒心があるもの。なでようとしたら、うさぎは体を固くしてない？　それは緊張してる証。うさぎの心を徐々に開いていき、なでられるのが大好きなうさぎにしていこう。

なでられるようになったら、頭や背中、お尻など、徐々になでる範囲を広げていこう。ただし、あごの下やお腹はあまりふれないように。そして、うさぎを上からおおうように手を持っていったり、いきなりすばやく手を近づけたりしないように注意しよう。

なでられるのが大好きになったら、自分のほうからすり寄ってくるようになる。ここまできたらスキンシップは大成功。気長に、徐々に、ゆっくりと、スキンシップをマスターして。

スタートは、指先で ちょっとふれることから

抱っこのしかた

うさぎをなでることがスキンシップの基本なら、抱っこはしつけの基本。健康チェックや爪切り、グルーミングはおろか、お散歩も抱っこができないと始まらない。とはいっても、あせりは禁物。できることから始めていこう。

① ひざ抱っこ

最初はひざの上に乗せる程度から。なでられることが大好きなうさぎなら、自分から寄ってくるので、おやつなどでひざの上に導こう。乗っかってきたら、頭や背中をなでてリラックスさせてあげて。

② 持ち上げ方

うさぎを抱っこするためには、うさぎを持ち上げる必要がある。さて、どこを持とう。シンプルなのは、うさぎの両脇を持って持ち上げること。他にも、首の後ろの皮を大きくつかむのもOK。耳をつかむのはNG。

③ すばやく、しっかりと

うさぎを持ち上げたら、すかさずうさぎのお腹を自分のお腹にくっつける。そしてお尻を手でしっかり支えよう。もう片方の手は、背中か耳全体を包み込むように頭部を抑えて。これで抱っこ完成。

うさぎと自分のお腹にくっつけて

視線を合わせて

ひざ抱っこ状態からの抱っこではない場合、うさぎを持ち上げるときは、うさぎの上から覆いかぶさるように手を出さないようにしよう。うさぎの視線にあわせるように姿勢を低くし、驚かさないようにやさしく手を差し出して。

抱っこしている時間は、最初は短時間から。徐々に抱っこの時間を延ばしていこう。そして、抱っこが終わったら、ごほうびのおやつを忘れないで。なかなか抱っこができなくても、あわてないこと。抱っこが上手にいかない原因を考えてみよう。

抱っこ中、うさぎが逃げ出しそうな雰囲気を見せたら、鼻をふさがないように目隠しをしてみて。平静さを取り戻します。

とにかく、抱っこはあせりが禁物。うさぎが逃げ出そうとして暴れたら、強力な後ろ足で引っかかれることも。うさぎも着地に失敗して骨折なんてことに……。

抱っこのポイントは安定感。姿勢はもちろん、気持ち的にも安定感が必要なのだ。

× 抱っこが不安定

お尻をしっかり支えていなかったり、不安定な持ち方だと、うさぎも不安になって逃げ出そうとする。抱っこはがっしりと。

× 飼い主がこわごわしている

飼い主が怖がっていたら、うさぎも怖がってしまう。抱っこするときは、迷わず、躊躇せず、やさしく声をかけながら抱っこしよう。

安定感がポイント お尻をしっかり支えて

× そもそも慣れてない

ひざの上にうさぎが乗ってくるくらいは慣れていないと、うさぎの抱っこは時期尚早。必要以上に事を急ぐと、うさぎは警戒心を持つばかり。

爪の切り方

足音がカチカチしたら

うさぎの爪が伸びすぎていると、毛づくろいの際に目を傷つけてしまったり、ケージの柵やすのこにひっかけたりして折れてしまうことがある。自然に暮らすうさぎは、地面に穴を掘ったりすることで自然に爪が削れるけれど、家で暮らすうさぎには爪切りが必要なのだ。

フローリングの床を歩くときカチカチと音がしたり、抱っこしたときに服にひっかかったりしたら、爪が伸びすぎている可能性が。1ヵ月に1回くらいを目安に切ってあげるようにしよう。

爪切りは、ペット用のものを使うように。うさぎ専用のものがおすすめだが、犬用や猫用の爪切りでもOK。人間用の爪切りをうさぎに使うと、爪の先端がひび割れてしまうことがあるので、なるべく避けるように。

爪切りは仰向け抱っこで

うさぎは、仰向けにするとおとなしくなることが多いので、仰向け抱っこをマスターしよう。

仰向け抱っこができなくても、ひざ抱っこでおとなしくしているうさぎなら、そのまま爪切りに入ってOK。

1. うさぎの頭が飼い主のお腹側に向くようにひざ抱っこ
2. 片方の腕でうさぎの耳の根本をしっかりつかむ
3. もう片方の手でうさぎのお尻を支える
4. お尻を支えている手を手前に引くようにして、くるっと仰向けに

ピンク部分はノータッチ

爪の根本のピンク色に見える部分は、血管や神経が通っている。なので、切る部分は、爪の先端の白っぽく透明な部分を2～3ミリ程度。ピンク部分はノータッチで。冷静に、スパッと、短時間で切るのが理想。一人で無理なら二人、それでも困難なら、無理せずにうさぎ専門店か動物病院で切ってもらって。もし、出血してしまったら、すぐに止血を。止血方法は134ページの爪折れを参照。

爪切りが終わったら、好物のごほうびを忘れずに。回数を重ねるうちに、爪切りが終わったらごほうびがもらえることを覚えるので、だんだん切りやすくなってくるはず。だから、1回で全ての爪を切り終える必要はナシ。慣れないうちは、1回2～3本ずつ切っていこう。

ちなみに、うさぎの指の数は、前足5本、後ろ足4本の計18本ですよ。

うさぎが暴れるとき

爪を切ろうとすると、うさぎが暴れてしまうとうときは、次の２つを試してみて。落ち着く場合が多いですよ。

① **目をふさぐ**　手のひらをかぶせて目隠し。このとき、鼻をふさがないように注意しよう

② **場所を変える**　うさぎがいつもはいかない部に移動。うさぎはなわばり意識が強いので、知らない場所ではおとなしくなる。

飼い主がビクビクしたりすると、それがうさぎにも伝染するので、堂々と構えていよう。万が一、うさぎが飛び出してしまっても大丈夫なように、なるべく低い位置で行うようにしてあげよう。

目安は月イチ 先っぽをちょびっとカット

好き嫌いの直し方

好き嫌いはお困りもの

「うさぎがペレットを食べない」「牧草を食べてくれない」こんな悩みを抱えている飼い主は意外と多いもの。ペレットはうさぎにとって必要な栄養素が含まれているものだし、牧草は不正咬合《ふせいこうごう》や毛球症《もうきゅうしょう》予防のためには欠かせない。なんとか食べられるようになってほしいものだ。うさぎは、小さい頃から食べ慣れているものを食べる性質があるので、好き嫌いをなくすには小さい頃のしつけが重要。もちろん、おとなになってからでも好き嫌いはなくせるので、気を長く持ってしつけていこう。

ペレットを食べない場合

迎えたばかりのうさぎがペレットを食べない場合。今までお店で食べていたものと違うペレットだったら食べないことも。迎えたお店で食べていたのと同じペレットを与えてみよう。

ペレットと一緒に野菜や果物もあげてない？　その場合、うさぎは先に野菜や果物を食べてお腹いっぱいになっているのかも。野菜や果物は、ペレットを食べたのを確認してから、おやつとしてあげるようにしよう。

または、ペレットを食べないのを心配して、すぐに別の食べ物をあげてない？　ペレットを食べなければ、他のものを用意してくれるとうさぎが覚えてしまったのかも。ペレットを与えたら姿を消して、しばらく放置。うさぎはしかたなく、ペレットを食べ始めるかもしれません。

牧草を食べない場合

うさぎに与える牧草は、チモシーが一般的。でも、牧草はイタリアンライグラスやオーチャードグラスなど、いろいろな種類がある。同じチモシーでも産地が

違ったり、収穫時期が違ったりするだけで固さや食感が違うもの。いろいろな種類を試してみよう。イネ科とマメ科のブレンドも試す価値アリ。

乾牧草を食べなくても、生牧草なら食べるかも。その場合は、生牧草を数時間乾燥させたものを与え、食べたらさらに乾燥させたものを与え、というふうに乾牧草に慣らしていこう。

生牧草も乾牧草も食べない場合。小松菜やチンゲン菜などの葉野菜を細切りにして、生牧草と和えて与えてみよう。徐々に生牧草の量を増やし、生牧草だけでも食べるようになったら乾牧草にチャレンジ。

まぜごはんはいかが

ちょっと面倒だけど、ペレットと牧草と野菜のまぜごはんなんていかが？　水でふやかしたペレットと牧草、そして好物の野菜をまぜてできあがり。牧草はこのとき、電子レンジでチンしてからまぜると風味がアップ。これならペレットが苦手なうさぎも、牧草が嫌いなうさぎも、必然的に口に運ぶことに。

どんな方法を試すにせよ、共通することは、時間をかけてじっくり取り組むこと。根気よくがんばってね。

食べてくれない原因は？

今まで食べていたのに、急に食べなくなったという場合。これは好き嫌いではなく、病気が原因かも。不正咬合のために食べられなかったり、毛球症によって食欲がなかったり。うさぎの病気の毛球症（118ページ）と不正咬合（120ページ）を見て確かめてみて。

かんたんクッキング
生野菜の
和えもので克服

うさぎにしてはいけないこと

飼い主の愛情や善意が、ときにはうさぎにマイナスの影響を与えることも。よかれと思ってしたことが、うさぎにとっては迷惑だったりしたら、ちょっと悲しいよね。

ここでは、うさぎにしてはいけないことをピックアップ。うさぎが健康に、そして楽しく暮らしていけるように、正しいかわいがり方を覚えよう。

⊗ 耳を持つ

うさぎを抱っこするとき、耳を持つのは絶対にやめて。耳にはたくさんの血管が通っていて、とてもデリケートで敏感なところ。なので、つかまれるととても痛いのだ。うさぎを持ち上げたいときは、両手でわきの下をつかむか、首の後ろの皮の部分を、大きくつかむようにしよう。

⊗ お風呂、シャンプー

うさぎは汗もかかず、体臭も少ない動物なので、お風呂やシャンプーは不必要。むしろ、うさぎは水浴びの習性がないので、水に入れられたり、水をかけられたりすると、大きなストレスとなるのだ。オシッコやフンなどで被毛が汚れたときは、ぬるま湯に浸した濡れタオルで軽く拭いてあげよう。

⊗ うさぎとキス

いくらかわいくても、うさぎとのキスは厳禁。パスツレラ症など、人とうさぎが共通にかかる病気「動物由来感染症」の原因となるから。食べ物を口うつしで与えたり、一緒の布団で添い寝することもダメ。過剰な愛情表現は、人にとっても、うさぎにとっても悪い影響をもたらすことがあるのだ。

投稿者／kira　うさちゃん／ころ助
うさちゃん紹介／我が家のお調子者☆
ぱっちり黒目がチャームポイントです

与えてはいけない食べ物

うさぎに食べさせてはいけない食べ物はたくさんある。ここでは、中でも有害なものを挙げているが、うさぎの食べ物の基本は「安心して与えられるもの以外は与えない」というスタンスで。草食だからといって、観葉植物やよくわからない野草を与えたりすると、有毒な物質が含まれていることもあるので絶対禁止。

- × チョコレートなどの人用のお菓子
- × ジュースなどの人用飲料
- × 梅干しなどの人用加工食品
- × マヨネーズなどの人用調味料
- × 肉類、魚類
- × パン
- × ネギ、タマネギ
- × ラッキョウ
- × にんにく
- × ニラ
- × アボカド

……などなど。

※食べると有害な観葉植物は108ページ参照

よかれと思って、したことなのに…（泣）

× 叱ってしつけ

そそうをしたり、家具などをかじったりしても、大声で怒ったり、叱りつけてはダメ。うさぎは怒られたことが理解できず、おびえてしまう。人を怖がってビクビクするようになったり、恐怖のあまり攻撃的になって人をかむようになったりすることも。注意したいときは、両手を叩いたり、床を叩く方法で。

× 耳にリボン

うさぎの耳は長くてとてもかわいいので、リボンなどで飾りたくなってしまうもの。そんなキャラクターもいるけど、耳をリボンなどのアクセサリーで飾ってはダメ。耳にたくさん通っている血液の流れが悪くなり、血行障害が起こるのだ。重症の場合、細胞が死んでしまい、耳が取れてしまうことも。絶対にやめよう。

ストレスの見分け方

現代はストレス社会。うさぎと暮らしている人も、うさぎに「癒し」を求めて暮らし始めた人も多いのでは。ストレスは、人だけが感じるものではありません。うさぎにだってストレスはあるのだ。ストレスが問題なのは、免疫力が低下して病気にかかりやすくなるから。うさぎが見せるストレスサインをいち早く察して、ストレスの原因を取り除いてあげよう。

うさぎのストレスサイン

× ケージかみ

ケージの柵の部分をガリガリかじったりする。ストレスではなく「おやつちょうだい!」などの合図のときも。その場合は無視。要求をかなえてはいけません。

× 人をかむ

あまりかまわれたくないときや、ストレスがたまっていると、人をかむことも。なわばりの主張の場合も。

× 足ダン

うさぎは怒ったり、不満を訴えるときに、足を「ダン!」と踏み鳴らすスタンピングという行動をとることが多い。

× ケージの中の物を動かす

配置が気に入らなかったり、飼い主の気を引こうとして物を動かしたりする。中には蹴飛ばしたり、投げ飛ばしたりすることも。

× 体をなめつづける

毛づくろいとは明らかに異なって、手や足などを繰り返しなめつづける。ひどくなると皮膚がただれたり、手足を傷つけたりすることも。

うさぎのストレスサインが見られたら、まずは飼育環境をチェックしよう。

- □ 室温が寒すぎたり、暑すぎたりしてない？
- □ 湿度が高すぎてない？
- □ うさぎのいる部屋に猫やフェレットなどの肉食系動物がいない？
- □ うるさい音がしていない？
- □ ケージが安定していなかったり、振動がしていない？
- □ 不規則な生活を送っていない？

ピンと来るものがあったら、すぐに修正。飼い主が仕事で家を空けている間にストレスの原因があることも。工事などで振動や騒音が起こっているかもしれませんよ。

うさぎのストレス解消法

「退屈」もストレスの大きな原因。うさぎにも〝遊び〟のある暮らしは必要なのだ。うさぎの本能を満たしてあげる遊びは、ストレス発散にも役立ちます。

カジカジで発散

うさぎの本能といったら「かじること」。かじり木や木製のおもちゃをあげて、思う存分かじってもらおう。

ホリホリで発散

掘るのもうさぎの本能。土を掘らせるとあとで汚れを落とすのがたいへんなので、ダンボールに牧草を詰めて掘り掘りさせてあげよう。

では最後に、うさぎのリラックスサインをご紹介。いつもこんなしぐさを見せてくれるといいですね。

◎お腹を床につけて手足を伸ばす
◎体全体の力を抜いてごろんと横になる
◎低音でのどを「ゴロゴロ」と鳴らす
◎足や顔、耳などをせっせと毛づくろい

ストレスにピンときたら飼育環境をチェック

ごはんの後はケージ内のお掃除を。トイレまわりは汚れが溜まりやすいので念入りに。すのこは、プラスチック製のものだとお掃除がラク。忙しくて時間がない朝は、うさぎが長くいるお気に入りの生活スペースだけでもいいので、お掃除を忘れないようにして出かけよう。

夏場はクーラーに加えて、冷却作用のあるアルミ製のボードやマットを併用するなどして、便利グッズをフル活用して。冬場も温度管理を忘れず、ヒーターやペット用湯たんぽなどを使用して寒さ対策を。

帰宅後にごはんをあげたら、室内散歩。運動不足にならないためにも、1時間以上は散

歩をさせよう。うさぎは体調が悪くてもギリギリまで隠しているので、フンやオシッコの様子は健康状態を知る貴重な材料。散歩中にお掃除をしながら、フンやオシッコにいつもと違う部分はないか入念にチェック！

ケージの隙間にある汚れや、床材に詰まった汚れ、すのこは取り外すなどして、朝よりも念入りにケージの掃除を。換毛期は毎日グルーミングを忘れずに。目やに、歯の様子、お尻まわりなど、目で確認できる部分をチェックしたら、お家に戻しておやすみなさい。

CHAPTER

6

「うさぎの四季」

うさぎの暮らしも四季おりおり。
大好きな季節もあれば、苦手な季節もあるのです。
季節に合わせて、ひと工夫。
うさぎとゆったりすごせる、春夏秋冬をお届けします。

投稿者／shino　うさちゃん／ディア　うさちゃん紹介／奥さんが仔ウサギに一目惚れ、お迎えから２年

うさぎの春

うさぎもウキウキ 春うらら

お散歩にも最適

　寒さが次第にゆるみ、1年を通じて最もすごしやすい季節の到来。春になると、生き物の活動が活発になる。もちろん、うさぎもそう。屋外散歩（うさんぽ）もこの頃が最適だ。うさぎサークルなど、グループでうさんぽをする場合は、交尾に注意。ちょっと目を離した隙に……なんてことも。

　お散歩から帰ってきたら、グルーミングをお忘れなく。うさぎを屋外でお散歩させるとノミがつくことも。うさぎの被毛にコショウのような黒い粒々があったら、それはノミのフンかも！　見分け方は、黒い粒々をティッシュの上に置き、水をたらして赤くにじんだら、ノミのフンの可能性大。ノミはかゆみや脱毛の原因になるので、動物病院で駆除してもらおう。ちなみにノミは、猫からもうつることがあるし、人を刺すこともある。

春はうさぎの“恋の季節”

　春は、多くの動物にとって繁殖を行うにも最もよい季節。うさぎは一年中が発情期のようなものだが、子育てをしやすいこの季節に赤ちゃんを産むことが多い。アメリカやイギリスでは、4月にキリストの復活をお祝いする「イースター（復活祭）」が行われるが、そのシンボルの一つはうさぎ。それは、この季節にたくさんの赤ちゃんを産むからなのだ。

発情行動対策

うさぎは、男の子では生後6ヵ月、女の子は生後4～5ヵ月で性成熟を迎え、発情行動もこの頃から見え始めてくる。ほぼ1年中が発情期だが、子どもを育てやすい陽気な春に赤ちゃんを産むことが多く、発情行動もこの頃が多い。では、うさぎはどんな発情行動を起こすのか見てみよう。

うさぎの発情行動

●スプレー

男の子は、気に入った女の子に向けてオシッコをスプレーのように飛ばす習性がある。うさぎの世界では一種のプロポーズ。男の子に多い行動だが、まれに女の子がオシッコを飛ばすことも。

●マウンティング

男の子が、交尾をするために女の子の背中に馬乗りになる行動のこと。ぬいぐるみや飼い主の足や腕にしがみつき、腰をカクカクカクッと動かすことも。たまに女の子も行うことがある。

●イライラ

なわばり意識が強くなったり、神経質になったりすることで攻撃性が強くなることがある。飼い主を威嚇したり、かんだりすることも。男の子、女の子ともに見られる。

●巣づくり

女の子は、出産が近くなると、自分の胸やお腹の毛を抜いて巣を作る習性がある。実際に妊娠していなくても、自分の毛や牧草などで巣づくりすることも。これは後述する想像妊娠の行動の一つ。

発情行動の対処法

それでは、うさぎが発情行動を見せた場合、飼い主としてどんな対処法があるのか見てみよう。

止められない衝動
いさぎよく見守って

●スプレーの場合

飼い主にオシッコを飛ばすのは、飼い主への愛着を示す。この行動をしつけでやめさせることは無理。飛ばされてしまったら、怒らないで、いさぎよく洗いましょう。

●マウンティングの場合

腕などにしがみつくのをやめてほしい場合は、うさぎのコミュニケーション手段である「足ダン」を応用。手を叩いたり、床を叩いたりすることで「足ダン」を行い、嫌がっていることをアピール。ぬいぐるみなどにマウンティングする場合は、癖にならない程度で黙認を。

●イライラの場合

飼い主は相手をせず、放っておこう。かじり木などを与えて気をそらすのも一つの方法。

●巣づくりの場合

15〜18日くらいで収まるので、特に対処しなければならないことナシ。

発情行動は生理的な行動。しつけでやめさせることはほとんど無理だと考えよう。4〜5歳くらいになれば落ち着いてくるので、それまで気を長く持って。どうしてもいやな場合は、避妊手術や去勢手術という方法も。これなら、ある程度抑えることも可能。

想像妊娠

想像妊娠とは、交尾していないのに（もしくは受精していないのに）妊娠したような状態になることで、偽《ぎ》妊娠《にんしん》ともいう。想像妊娠になると乳腺が発達したり、乳汁が分泌したりすることも。15〜18日くらいで収まるので、そんなに心配しなくても大丈夫。

うさんぽの楽しみ方

誰が言ったか知らないけれど、うさぎの飼い主なら誰もが知っている「うさんぽ」。暖かい春と涼しい秋は、うさぎのお散歩「うさんぽ」に絶好の季節。準備万端整えて、うさんぽを楽しみましょ。

キャリーケースとハーネス

うさんぽに必需品なのがキャリーケース（キャリーバッグ）とハーネス。キャリーケースは、うさぎの移動用ケージのこと。移動だけでなく、うさんぽ中の休憩場所ともなるのだ。ハーネスは、リードを付けた胴輪のこと。ダッシュしたうさぎをつかまえるのは大変なので、常にリードで動きをセーブすることが大切なのだ。

キャリーケースもハーネスも、初うさんぽ前に慣らしておくことが肝心。室内散歩のときにキャリーケースを出して、中に好物を入れておけば「キャリーケースには好物がある」と思わせることができる。ハーネスも、おやつをあげながら着せてあげて、慣らしておくようにしよう。

うさんぽ会でデビュー

うさんぽの場所は、草地がいっぱいの公園や河川敷で、木陰があって、近くに水飲み場があるところを選ぼう。

でも、そういうところは犬の散歩コースだったり、子供の遊び場だったりすることが多いよね。そんなときは、数の力をあてにしよう。うさぎ専門店などでは、「うさんぽ会」を行っているところも。会によっては100人くらい集まったりするのだ。そんなうさんぽ会だったら犬の心配もいらないし、うさんぽの注意点も教えてもらえる。うさんぽ初心者は、うさんぽ会からデビューするのがおすすめ。

3時間くらいで終了

キャリーケースとハーネス以外に必要なものは、飲み水、食べ物（牧草&ペレット&好物）、日傘、タオル、ブラシ。熱中症《ねっちゅうしょう》対策として、保冷グッズも用意しておこう。キャリーケースには飲み水と食事をセットして、うさんぽ中の休憩場所に。日傘は、日陰で涼む用に用意。

うさんぽ中は、うさぎの気の向くままに。追いかけっこや土をホリホリ、ひなたぼっこを楽しんだり……。うさぎの様子は目を離さずにチェック。うさぎの状態はもちろん、他のうさぎとケンカしそうになったり、交尾しそうになったらすぐ引き離して。うさんぽにはこうしたトラブルも起こりえるので、くれぐれも注意しよう。

楽しいうさんぽも、長くて3時間くらいまで。終わったら、タオルで汚れを落としてブラッシング。ノミやダニを払ってあげよう。家に帰ってからは、小石で足に傷がないかなどチェック。食べ慣れない野草を食べて軟便をすることもあるので、しばらくは健康状態に気を配ろう。

準備はOK？
あとはうさぎの気の向くまま

うさぎの梅雨

うさぎもキライ 梅雨のジメジメ

自慢の被毛もクシャクシャに

野生のアナウサギが暮らすヨーロッパの気候は、西岸海洋性気候といって、夏も湿度が低くてすごしやすいところ。だから、高温多湿なこの梅雨は、うさぎが最も苦手な季節なのだ。

うさぎにとって快適な湿度は40～60パーセントだが、日本の梅雨では湿度が90パーセントになることも。湿度が高いと、自慢の被毛も湿気でクシャクシャに。さらに被毛の通気性が悪くなるので、皮膚病にもかかりやすくなる。特に高齢うさぎや子うさぎは体調をくずしやすいので要注意。

カビに要注意！

湿度が75パーセントを超えると、カビは大量に発生。うさぎに与える食事にカビが生えていないか、チェックする必要がある。

というのは、カビの中には、カビ毒という毒を作り出すものがいるから。なかでも、アフラトキシンというカビ毒は、うさぎにとって猛毒。食べてしまうと中毒症状を起こしてしまう。アフラトキシンは、ナッツ系やトウモロコシなどに生えるカビから検出されているので要注意。ちなみに、カビ毒は熱に強いので、ゆでたり、炒めてもカビ毒は消えない。他にも、高温多湿な梅雨どきは、食べ物がくさりやすいとき。全体的に食事には配慮しよう。

湿気対策

換気は健全な空気環境の秘訣

例年、梅雨時期の湿度はだいたい70～80パーセントほど。うさぎ飼育に適した湿度は40～60パーセントなので、少しでも湿度を下げてあげたいところ。どんなに湿度が高くなっても、80パーセントは超えないようにしよう。

湿度を下げる最も簡単な方法は、窓を開けて換気すること。エアコンや除湿機、空気清浄機を使うのももちろんよいけれど、換気にはいろいろなメリットがある。それは、新鮮な空気（酸素）を室内に取り入れたり、においやほこりなどを室外に排出したり。空気の滞留するところは、カビが生えやすいので、換気して空気を動かすことで、カビやダニなどの発生予防にも。

また、たとえ外は雨が降っていても、屋外より室内のほうが、湿度は得てして高いもの。窓を少しでもいいから開けて、外の空気を取り入れよう。室内に空気を流すことは、うさぎにとっても、人にとっても、家にとっても健全な空気環境を保つ秘訣なのだ。

[換気のメリット]

- 除湿
- 新鮮な空気の供給
- においやほこりなどの除去
- カビやダニの発生予防

効果的な換気法

梅雨の湿度は、もちろん長雨が大きな原因だが、家の中にもさまざまな湿気の発生源がある。たとえばお風呂の湯気や、台所で料理するときの湯気。なので、うさぎのいる部屋だけを換気しても、他の部屋から湿気が流れ込んでしまっては効果半減。発生した水蒸気がこもらないように、換気扇をまわして湿気を外に追い出そう。

ただし、室内に空気が入らないと、空気は外に出て行かない。換気扇をまわしても、窓が全部閉まっていたら、効率は悪いのだ。換

気扇をまわすときは、窓も開けて、空気の通り道を作るのがコツ。といっても、新築住宅やマンションは、シックハウス対策として24時間換気システムを設置することが建築基準法で定められているので神経質にならなくても大丈夫。

　それと、梅雨時はついつい洗濯物を部屋干ししがち。洗濯物の部屋干しは、室内の湿度を10パーセントも上昇させることも。うさぎのいる部屋では、部屋干しするのはやめておこう。

ケージ内も除湿を

うさぎのケージ内の除湿も大事なポイント。うさぎはよく水を飲むので、その分オシッコも多い。トイレはこまめに掃除しよう。飲み水をこぼしているのに気づいたら、すぐにふいてあげて。牧草や床材もしめっていたら取り替えるようにしよう。

　ケージを床の上に置いている場合は、すのこなどをケージの下に敷くと、空気の流れができて、除湿の一助に。

炭グッズもおすすめ

炭には、湿度が高いときは湿気を吸収し、乾燥してくると水分を放出する調湿効果がある。しかも消臭効果や防ダニ効果もあるので、うさぎのケージの近くに置いておけば、さまざまな効果が期待できそう。最近はインテリアにも使える炭グッズがいろいろ販売されているので、利用してみるのも◎。

外は雨！ でも、窓を開けよう

グルーミングのしかた

美容と健康のために

グルーミングとは、ブラシやときにはハサミを使ってうさぎの被毛を整えたり、毛玉をときほぐしたりすること。うさぎが、自分の体をなめたりして毛づくろいするのは「セルフグルーミング」という。

どちらにしても、長毛種だって短毛種だって、被毛を美しく保つにはグルーミングは欠かせないのだ。特に梅雨と秋の換毛期《かんもうき》は抜け毛が多く、しかも梅雨は蒸れやすい。さらに長毛種は毛玉ができやすく、被毛をたくさん飲み込んで毛《もう》球症《きゅうしょう》になる心配も。

グルーミングは、うさぎとのコミュニケーションになるし、全身をさわるので体の異常の発見にもつながる。できれば毎日行って、うさぎの健康維持につなげよう。

グルーミングのポイント

【用意するもの】
- ブラシ（スリッカーやコーム）
- 濡れタオル
- あればグルーミングスプレー

長毛種ならスリッカーブラシやピンの長めなブラシで、短毛種では両目ぐし（コーム）などを使って、やさしくブラシを通してあげよう。ミニレッキスの場合は、ゴム製のブラシ（ラバーブラシ）を使い、マッサージするようにとかしてあげて。

グルーミングは、やさしく声をかけながら行うように。そして、終わったらごほうびをお忘れなく。

夏前にサマーカットはいかが？

うさぎは暑い夏が苦手。特に長毛種にとっては過酷な季節だ。そんな夏を迎える前に、〝サマーカット〟はいかが？

サマーカットは、被毛をバッサリカットしてしまうこと。うさぎ自身も涼しくなるほか、毛玉や毛もつれ

ができにくくなることで皮膚病の予防にも。そして、なんといってもグルーミングがカンタンに。ただし、カットは一人では難しいし、専門的な器具も必要。顔まわりのカットなどは危険も伴うので、うさぎ専門店でカットしてもらうようにしよう。

グルーミングの進め方

1. 全身チェック。毛を逆立てながら、汚れや毛玉があるところを確認しよう。
2. 毛並みに沿ってブラシかけ。長毛種にはスリッカーがおすすめ。スリッカーは親指と人差し指で柄を軽く持ち、柄の方向へ皮膚面と平行に動かそう。先端が肌にふれないように、力加減に注意。
3. 毛玉ほぐし。毛玉は耳のうしろやお尻まわりにできやすい。皮膚を引っ張らないように、毛の根本をしっかり抑えてブラシの先でほぐして。毛玉が固い場合は、先端が丸いハサミで切れ目を。
4. 汚れ落とし。被毛の汚れは濡れタオルで拭き取ろう。特に足の裏やお尻まわりには、フンやオシッコの汚れが。
5. 仕上げ。最後にもう一度毛並みに沿ってブラッシング。グルーミングスプレーをお持ちの人は、適量かけてブラッシング。短毛種は、濡れタオルでひと拭きして終了。

**毛並みに沿って
やさしく声をかけながら**

投稿者／MokomokoUsagi55　うさちゃん／リリィーうさちゃん紹介／我が家の癒し係。おやつが欲しい時に思わず出ちゃう舌がチャームポイント

うさぎの夏

涼しいお部屋がいちばん快適

28度は超えないように

うさぎは暑いのは苦手。暑さのために食欲が低下しがちなので、きちんと食事を食べているか気にかけよう。食欲がなさそうだったら、野草などを与えて食欲を刺激。また、飲み水にも気を配って。暑いこの時期に飲み水が不足すると、熱中症の危険大。命にかかわることなので、飲み水には普段以上に気をつけよう。

うさぎの生活に適した室温は20～25度。最低でも28度は超えないように。また、暑さのためあっという間に体力が奪われてしまうので、この時期の屋外散歩はやめておこう。夜になっても、熱帯夜は25度以上になるので油断は禁物。

強い日差しで日光消毒

夏の太陽を利用して、飼育用具を日光消毒してみてはいかが。梅雨のジメジメで、ケージやすのこ、トイレやエサ入れなどに雑菌が入り込んでいるかも。日光消毒は手軽で効果的な消毒方法。これに熱湯消毒などを加えて、この際徹底的に殺菌と除菌をしちゃおう。

まずは飼育用具を洗剤で洗い、熱湯をかけて熱湯消毒。その後に日光消毒を。日光には、紫外線による殺菌効果が期待できる。

日光消毒は、紫外線が最も強い晴れた日の10時～14時ごろがチャンス。ただし、木製のすのこは直射日光に長時間あてると変形したり、ひびが入ったりすることがあるので、風通しのよいところで陰干しに。

暑さ対策

扇風機だけでは意味がない？

「扇風機をつけて風通しもよくしていたんだけど……」これは、動物病院に熱中症になってしまったうさぎを連れてくる飼い主がよくいう言葉。でも、うさぎは汗をかかない動物なので、扇風機をまわして風をうさぎにあてても体温は下がらず、うさぎにとっては涼しくないというのが現実。夏は、エアコンをつけて室温管理することがなによりも大切だ。

うさぎの環境に適した温度は20～25度。8月の東京の平均気温はだいたい27度。最近は35度を越す猛暑日が増えているので、室温には常に配慮を。室温が高いと夏バテしてしまい、体調を崩すことも。最低でも28度は超えないように室温をコントロールしよう。それは外出中でも同じこと。そ

れは外出中でも同じこと。留守にするからって、防犯対策で窓は全部閉め、エアコンもつけずに出かけてしまったら、うさぎは熱中症で死んでしまいますよ。

室温の下げ方

扇風機を使う場合は、エアコンと併用するのがベスト。冷風を循環させることにより、効果的に室温を下げることができる。注意点は、冷風が直接うさぎに当たらないようにすること。また、カーテンを閉めると冷房効果はさらにアップ。

エアコン以外で室温をセーブする方法としては、まず陽射しを室内に入れないこと。窓の外にすだれなどで覆うと◎。ポイントは、室外で陽射しをカットすること。カーテンを閉めるだけだと、熱気が部屋の中に入ってしまうことになるので、すだれよりは効果小なのだ。そして、窓を開けて空気を取り入れよう。陽射しカット&空気を入れることで、室内の温度上昇をかなり防ぐことができる。

ケージ内の暑さ対策

飼育グッズとして、大理石を用いたシートや、ペットボトルに冷水を入れて使用するピローなどがあるので利用しよう。床にケージを置いている場合は、ケージの下の空間から暑さが放熱されるようにケージの下にすのこなどを敷くとよい。

また、南向きの部屋にうさぎがいる場合、可能なら他の部屋に移動するようにしよう。２階にいるなら１階に。といっても、廊下や物置などにケージを置くのは考えもの。

冷気は下にたまる

夏の暑さ対策で気をつけたいことは、冷気は下にたまるということ。人にとってはちょうどよい体感温度になっていても、床に近いところにいるうさぎにとっては冷えすぎの可能性があるので要注意。室温計はうさぎの高さに設置し、うさぎがいる空間の温度を気にするようにしよう。

日光浴は NG

長毛種の場合は、被毛を短めにカットするのも◎。また、なでるときに、被毛の間の空気を入れ替えてあげるのも効果があるかも。

飲み水はいつでも飲めるように十分な量を。水温が上がっていたら、常温の新鮮な水に取り替えてあげよう。夏は食事だけでなく、水も腐りやすいのでこまめにチェック。

また、夏の暑い盛りの屋外散歩や日光浴は、熱中症の危険性が大きい。あえてする必要は何もないので、やめておこう。

28度以下で夏バテ防止

野草をあげよう

見分けられるものを

夏はみずみずしい野草がたくさん手に入れることができる季節。下のイラストに挙げた以外にも、うさぎにあげられる野草にはナズナ、ハコベ、レンゲ、ヨモギ、チガヤなどたくさん。見分けられるものが近くの野原などにあったら、摘んで与えてみてはいかが？ 食が細くなりがちな夏。そんなうさぎの食欲を刺激するかもしれません。

　野草を与えるときの注意点は「ちゃんと見分けること」。きのこ狩りに行って毒キノコを採取してしまうニュースをよく聞くように、野草にもよく似た毒草があることも。また、場所によっては農薬などがかかっていることもあるので要注意。野草を摘んできたら、流水でよく洗い、与える量は少量に。あくまで食欲を刺激する程度と考えよう。

クローバー
野原や道ばたなどに自生。白い花のシロツメクサも赤い花のアカツメクサもOK。

タンポポ
草地や道ばたなどに自生。花期は春が全盛だが、1年中咲く。葉から花ごと採取。

オオバコ
草地や道ばたなどに自生。食用には開花前の若葉を採取。

クズ
山林、原野から都市部に自生。葉は葉柄（葉と茎をつなぐ部分）ごと採取して与えよう。

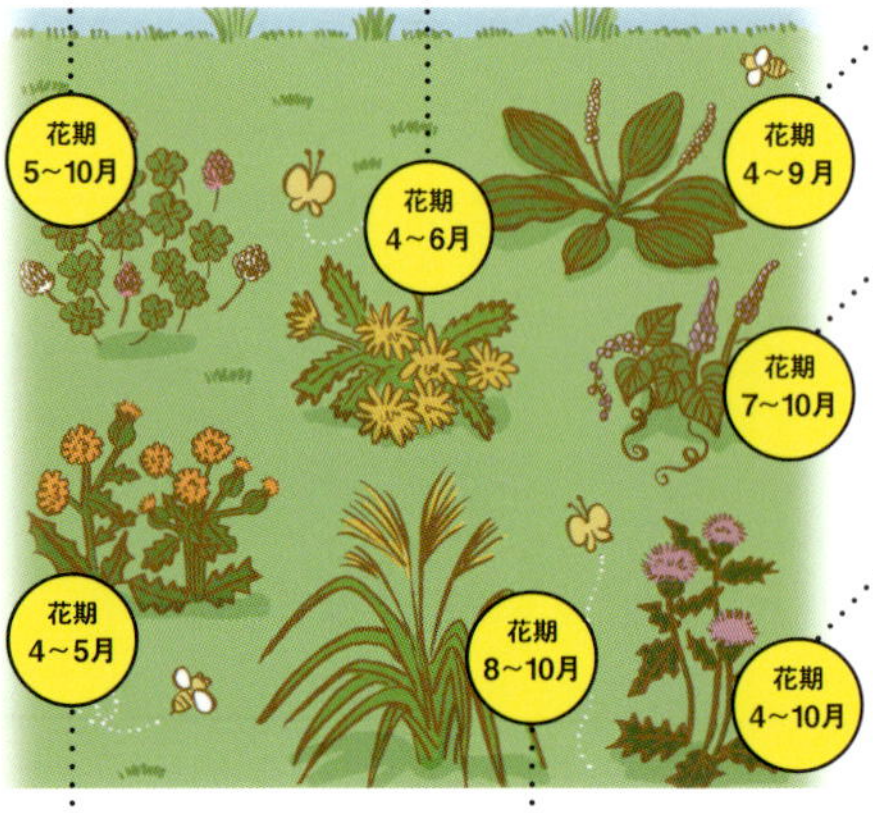

アザミ
山林や野原などに自生。茎ごと採取。とげがあるが、うさぎにはそのまま与えて大丈夫。

ノゲシ
畑地や道端などに自生。ウサギグサともいう。根本から採取して全草与えよう。

ススキ
土手や道ばたなどに自生。春から夏のやわらかい葉の時期に茎から採取。

みずみずしい野草で食欲を刺激

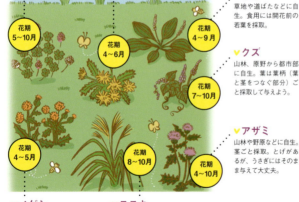

うさぎの秋

寒い冬に備える
大事な季節

うさぎも喜ぶ紅葉狩り

涼しくなる秋は、うさぎにとっても、とてもすごしやすい季節。屋外散歩を再開してあげると、うさぎもきっと喜んでくれるはず。ケヤキやクヌギなどの乾燥した落葉は、うさぎのおやつにもなるので、一緒に紅葉狩りを楽しむのも風情があって◎。

春に生まれた子うさぎたちが、性成熟するのもちょうどこの頃。やわらかな光が降り注ぐ小春日和は、初めてのお散歩にはもってこい。

うさぎにとっても“食欲の秋”

食が細くなりがちな夏が終わり、秋に入ると食欲も回復。秋は多くの動物にとって、寒い冬を越えるために栄養をたくわえる時期。うさぎも被毛が薄い夏毛から厚い冬毛に生えかわったり、皮下脂肪を蓄積したりして、冬を迎える準備をする。そのため、牧草などの粗飼料《そしりょう》が食べたくなる時期なので、たっぷり用意しよう。おいしい果実も熟れる時期。うさぎにもおすそ分けしてあげると、食欲の刺激になって◎。

急な気温の変化に要注意

うさぎは環境の変化に敏感。秋雨が長く続いたりすると、気温が下がって肌寒くなることもあるので、室温の急な変化には要注意。すき間風などが入ってこないか、もう一度チェックしよう。

換毛期の注意点

秋は被毛が冬仕様に

うさぎの被毛は日ごろから生えかわっているが、それとは別にごそっと生えかわる時期がある。それは季節の変わり目。うさぎは、寒い冬は厚めの被毛ですごし、暑い夏には薄めの被毛ですごすため、年に2回、被毛が生えかわるのだ。この時期を「換毛期《かんもうき》」といって、夏の薄い毛に生えかわるのがだいたい梅雨どき、冬の厚い毛に生えかわるのが秋頃となる。換毛は、頭部から始まり、シッポの方へ進んでいく。うさぎによっては、体中のいたるところでランダムに抜けていくことも。どちらにしても、新しい毛に押されるように古い毛は抜けていくので、ちょっとブラシを入れただけで、スッと簡単に毛は抜ける。その分、グルーミングをしてあげると、換毛の助けになるのだ。うさぎにとっては大事な衣替え。体力を消耗するので、食欲が旺盛になったり、ちょっとイライラするようになったりもするけど、きちんと毛換わりができるようにサポートしてあげよう。

食欲が落ちない工夫を

換毛の期間は、だいたい1ヵ月程度。この短期間に、体中の古い被毛を、季節に合わせた新しい被毛に生えかわらせるのだから、かなりのエネルギーが必要になることは想像に難くない。この時期に食欲が落ちたり、体力が落ちたりしないように、しっかり気をつけてあげることが大切。

まず、うさぎにとってストレスとなる騒音やすき間風などがないか再チェックしよう。食事のメニューとしては、この時期のうさぎは、牧草などの粗飼料を食べたくなるので、牧草をたっぷり用意して。また、季節の旬の野菜や野草などをおやつとしてあげれば、食欲を刺激するし、栄養補給にもなるので◎。他にも

ケヤキやクヌギなどの落葉もうさぎは好むようになるので、乾燥したものを拾ってきてあげてもＯＫ。

お掃除は「まめに、ていねいに」

換毛の時期は、いつもより抜け毛が多いので、お掃除も普段よりていねいを心がけて。食事や牧草に毛が混じっていると、それを食べて毛球症になる可能性が高くなってしまうことも。また、飼い主も、空中を舞っている細かい毛を吸い込むとアレルギーの原因にもなるので、まめに換気することも忘れずに。「まめに、ていねいに」がこの時期のお掃除の合言葉。

換毛をスムーズに終わらせたり、毛球症を予防するには、こまめなグルーミングももちろん大切。グルーミングのコツについては93～94ページを参照してね。

換毛期が終わらない？

あまり温度変化のない室内で飼育されているうさぎの場合、季節的な気温変化を感じることがないため、換毛の時期がずれたり、なかなか換毛が終わらなかったりすることがしばしば見られる。このこと自体は、特に問題とはならないので、心配は不要。でも、一度換毛がずれると、どんどんずれ込んでいくこともあるので、飼育環境にはある程度季節感を持たせよう。

投稿者／まき　うさちゃん／けだま　うさちゃん紹介／はじめはほんとにころっころだった…。フィーダーとのサイズ感に成長を感じて嬉しくなる

季節に合わせて年２回の衣替え

オシッコでチェック!

秋の健康診断

赤いオシッコ

オシッコが赤いと「血《けつ》尿《にょう》だ!」とびっくりする人も多いのでは。健康なうさぎは、黄色~茶褐色で不透明なのが一般的なオシッコの色。だから、健康なうさぎでも赤いオシッコをすることがある。といっても、安心とも言い切れない。血尿の可能性もあるのだ。赤いオシッコと血尿の違いは、見た目ではわからないが、ニンジンやピーマン、野草のヨモギやクローバーなどはオシッコを赤くすることがあるので、これらを食べさせていなかったかをチェック。食べさせていなかったり、赤いオシッコが続く場合は、血尿の可能性が高いので、オシッコを持って動物病院で検査してもらおう。

白くドロッとしたオシッコ

うさぎのオシッコにはカルシウムが含まれている。これがうさぎのオシッコがにごっていたりすることの原因。うさぎのオシッコが固まって、汚れを落としにくくなるのも、このカルシウムのせい。このカルシウムが通常より大量に含まれると、白くてドロッとしたオシッコになる。こうなるとカルシウムの与えすぎ。牧草のアルファルファや、カルシウムの入ったおやつ、サプリメントなどは控えるようにしよう。一方、透明なオシッコでも問題。これは、食べる量が不足していたり、食欲不振が原因となるものだが、授乳中の子うさぎの場合は正常なオシッコなので心配ナシ。

量が少ない

うさぎのオシッコの量は、体重1キロあたり30~35mℓ。個体差があるので、日々のケアでだいたいのオシッコの量を把握しておこう。食欲不振だと、オシッコの量が少なかったりする。ま

た、オシッコの量が多すぎるのも問題。腎臓の状態がよくないのかも。

オシッコをしていない

量が少ないどころではなく、まったくしていないようだったら、病気を疑ったほうがいいだろう。尿石《にょうせき》症《しょう》の可能性がある。130ページの尿石症の症状を読んで、直ちに動物病院へ。

うさぎのオシッコは黄色〜茶褐色で不透明

蒸し暑い夏をすごしたおかげで、うさぎも夏バテしているかも。体力を使う換毛をスムーズに終わらせ、寒い冬に備えるためにも、ここらでうさぎの健康状態をチェック。ここでは、オシッコによる健康チェックのポイントを見ていこう。

オシッコチェックリスト

- ☐ オシッコが赤い
- ☐ 量が少ない
- ☐ 白くドロッとしている
- ☐ オシッコをしていない

健康なうさぎのオシッコ

色	黄色〜茶褐色で不透明
量	体重 1kg あたり 20 〜 350ml
状態	にごっている

うさぎの冬

寒さより寒暖差に注意

寒さには比較的強い

うさぎは豊かな被毛があることにより、暑い夏に比べると寒さには比較的強い。人と一緒に室内で暮らしているる健康なうさぎなら、最低気温にはそれほど神経質にならなくても大丈夫。むしろ、寒暖の差に気をつけよう。

ただし、子うさぎや高齢のうさぎ、体調がよくないうさぎなどは、室温調整は必要。20度を目安に温度管理をしよう。ペットヒーターやペット用湯たんぽなどで夜間の冷え込みを防ぐのも◎。また、冬はさらに粗飼料が食べたくなるので、たっぷり用意してあげよう。

日光浴でぽかぽかに

日光浴は、うさぎの防寒対策になるし、被毛の殺菌効果もある。陽射しがとてもやさしい日は、ゆっくりとひなたぼっこをさせてあげると◎。日光浴の注意点は、日陰になるところもつくること。うさぎの判断で、日光浴が楽しめる環境をつくってあげよう。ただし、すき間風には要注意。せっかく日光浴でぽかぽかになっても、冷たいすき間風があってはかえってマイナス。それと、アルビノのうさぎは日光の紫外線に弱いので、直射日光に長時間あてないように注意。アルビノとは、生まれつきメラニン色素が欠如しているうさぎで、外見的には目が赤く、被毛が白い。外見以外は他のうさぎとなんら変わりはありません。

寒さ対策

寒さがストレスの原因に

うさぎは比較的寒さには強い。若くて健康なうさぎなら、4度くらいまでの気温は適応範囲内。寒さよりも、寒暖の差に気をつけるようにしよう。防寒対策としては、床材用の牧草をたくさん入れてあげれば大丈夫。

ただし、秋に生まれた子うさぎや高齢のうさぎなどは、寒さ対策をお忘れなく。寒さがストレスになって免疫力が低下すると、風邪（スナッフル）にかかりやすくなるので要注意。特に低温での多湿は体力を弱らせる原因に。水を使ったお掃除は注意して行おう。

ケージの置き場所に気配り

冬場は、ケージの置き場所に気配りを。冬の冷気は窓から入ってくる。窓際は、昼間はやわらかい陽射しが差すものの、日が暮れると温度が一気に下がる場所なので、ケージの置き場所としては、適したところとは言えないのだ。窓からの冷気は、厚手のカーテンで遮断。加えて、窓に断熱シートを貼ると更に◎。

また、ドアの開閉で冷たい風が入ってくるので、ドアの近くもできるだけ避けて。リビングにうさぎがいる場合は、誰もいなくなる夜間に室温が急激に下がるので気をつけよう。

暖気は上昇する

冬の寒さ対策で気をつけたいことは、暖かい空気は上に流れていくということ。飼い主にとっては暖かい室温でも、床付近にいるうさぎは肌寒いこともあるのだ。そのため、若干高いところにうさぎのケージを置くのもよいけど、安定感のあるところに設置しよう。また、ケージからうさぎを出すときにも注意が必要。

フローリングなどの床に

ケージを直接置いている場合は、冷気がケージ内に伝わってきてしまうので、タイルカーペットや段ボールを敷くようにしよう。

夜間の冷え込み対策

夜間の冷え込み対策としては、ケージを段ボールで囲んだり、ケージに毛布をかけたりするのもＯＫ。毛布をかける場合は、うさぎが引き込んでかじらないように注意しよう。このとき、夜の鳥かごのように全面を覆うのではなく、正面は開けておいて。全面を覆ってしまうと、うさぎは神経質になってしまうことも。

ペットヒーターやペット用湯たんぽ、ひよこ電球などで暖を取るのも◎。

冬は風邪の季節？

人間にとって、冬は風邪の季節。それは、人間の風邪は、ほとんどがウイルスによって引き起こされるから。ウイルスは乾燥した空気を好むので、冬に活性化する。しかも、風邪を引き起こすウイルスは 200 種類以上もあるのだ。では、うさぎはどうだろう。うさぎの風邪の原因は、多くはパスツレラという細菌。しかし、ウイルスが感染することもある。中でもコロナウイルスやロタウイルスというウイルスは、うさぎの消化管に感染するのだ。なので、ウイルスが活性化しないように、冬場は乾燥にも注意。湿度は 40 ～ 60% に保つようにしよう。

たっぷりの床材牧草でぬくぬく保温

室内散歩の注意点

運動不足の解消やストレス発散のためにも、1日に1回1~2時間は室内散歩の時間を作ってあげよう。特に冬場はじっとしがち。室内散歩といっても、ケージから部屋に出してあげるだけではダメ。人が暮らしている部屋は、うさぎにとっては危険がいっぱい。楽しい室内散歩のために、まずはお部屋の整理から。

まずはカジカジ予防

×電気コード
×観葉植物
×ソファなどの合成皮革

これらのものは、うさぎがかじると命の危険が。電気コードは、かじると感電して死んでしまうことも。電気コードにチューブを巻くか、コードのあるところには入れないように柵を設けよう。観葉植物の中には、うさぎが食べると中毒を起こすものも。合成皮革やビニール製のソファなどは、かじって飲み込んでしまうと消化できず、腸が詰まる腸閉塞になってしまう危険が。スリッパや壁紙、サッシのゴムなども注意。

　サークルやプラダン（プラスチックダンボール）で、入ってほしくないところをカバーするか、室内散歩の範囲を限定してしまうのがおすすめ。部屋にはうさぎがかじると危険なもののほか、かじられると困るものも。家具や柱は絶好のカジカジスポット。畳の部屋はホリホリスポット。大事な書類や財布の中のお札をかじっちゃうこともあるのだ。

すべる床は苦手

うさぎを出す前にもう一つ確認。部屋がフローリングなどすべりやすい床になってない？

　うさぎは足の裏が毛でおおわれているので、すべる床は苦手。その場合は、室内散歩専用のカーペットなどを敷いてあげよう。

オモチャでさらに楽しく

　準備ができたら、いよいよ室内散歩。あとはうさぎの思いのままで結構だけど、より楽しむためのプラスアルファはいかが？　たとえば小型の木製オモチャ。うさぎによっては鼻でつついたり、投げて遊んだり。松ぼっくりで遊ぶうさぎも。他にはトンネル。暗くて狭いところが好きなので、うさぎも大喜び。

　室内散歩の注意点は、うさぎを追いかけまわさないこと。うさぎは本能的に追いかけられるのが苦手。せっかくの楽しい室内散歩が、うさぎにとっては恐怖の時間に……。一緒に遊びたい気持ちはわかるけど、うさぎが遊んでいるのを暖かく見守る感じでやさしく接してあげて。

食べると有毒な観葉植物

- × 朝顔
- × チューリップ
- × ヒヤシンス
- × すずらん
- × クリスマスローズ
- × アネモネ
- × クレマチス
- × テッセン
- × ポトス
- × セローム
- × ディフェンバキア
- × クワズイモ
- × つつじ

……などなど。

快適スペースでうさぎもご機嫌

投稿者／いおり　うさちゃん／もふ吉　うさちゃん紹介／食い意地の張った男の子。特技はボールをくわえながら部屋を走り回ることです

CHAPTER

7 うさぎの病気

規則正しい生活を送っていても、
病気にかかってしまうことはあります。
予防も大事だけど、同じくらい大事なことは早期発見。
うさぎの発するSOS、早く気づいてあげて。

高見義紀

Verts Animal Hospital バーツ動物病院院長
酪農学園大学獣医学科卒
神奈川県、東京都の動物病院勤務を経て、福岡県福岡市にバーツ動物病院を開設。犬、猫はもちろん、ウサギやフェレットをはじめとする小型哺乳類、カメやトカゲ、ヘビなどの爬虫類、カエルなどの両生類までを含めた脊椎動物の診療を行っている。小動物専門誌『アニファ』、うさぎ専門誌『うさぎがピョン』、爬虫類専門誌『HERPLIFE』などで執筆。
http://www.verts.jp

健康に飼うために

病気の原因は？

うさぎには、ずっと健康でいてほしいと思うのは飼い主の心情。うさぎを病気から守るために、飼い主にできることってなんだろう？　そのことを知るために、まずはうさぎの病気の原因をざっくり分類してみよう。

×細菌や寄生虫が原因
×エサや環境の影響によるもの
×生まれつきや遺伝によるもの
×高齢によるもの

この中で、飼い主の注意で予防率がグンと上がるのは、エサや環境の影響によるもの。特に熱中症《ねっちゅうしょう》は、飼い主が温湿度の管理をきちんとしていれば、かかることのない病気だ。飛節《ひせつ》びらんは、肥満にならないように気をつけ、きれいで柔らかく湿気のない床材を用意することで大分防げる。不《ふ》正咬合《せいこうごう》は、遺伝的要因も無視できないものの、常日頃から牧草をたっぷりあげて、歯をすり減らすあごの運動をさせてあげることが必要だ。毛球症《もうきゅうしょう》も、繊維質の豊富なエサを与えることで胃運動を促進し、胃内での毛球の蓄積を妨げることができる。たっぷりの牧草を与えよう。

細菌や寄生虫が原因となる病気も、飼い主の努力で予防率が上がる。キーポイントは清潔な環境。エサ入れや給水ボトルは日々お掃除して、雑菌が付かないように。たとえば、床材にオシッコがしみ込むと、ケージの中のアンモニア濃度が上昇し、結膜炎《けつまくえん》を悪化させることになるのだ。さらにスナッフルや皮膚糸状菌《しじょうきん》症といった病気は、ストレスなどで免疫力が下がったときに発症しやすいので、環境の中に騒音などのストレス要因が起こらないようにすることが大事。

子宮疾患は、高齢のメスで高い確率で発症する。飼い主が飼育面で予防することは難しいが、生後半年から1年くらいまでに避妊《ひにん》手術を済ませておくと予防できる。避妊手術を済ませて

いないうさぎは、定期的な健康診断を行い、腹部超音波検査にて子宮の状況を把握しておくようにしよう。

病気予防のカギとは

このように考えてみると、病気予防のカギは、

- 牧草をたっぷり与える
- 清潔な環境を保つ
- 温湿度をきちんと管理する
- 騒音などのストレス要因を排除
- 定期的な健康診断

といったところ。これに加えて、定期的に爪切りを行うことで爪折れが予防できるし、室内散歩のときはコードやコンセントにカバーをつけておくことで感電を防げる。どれもうさぎを飼育する上で特別なことではないけれど、きちんと毎日継続することで病気にかかる可能性を小さくすることができるのだ。

継続は“健康”なり

うさぎが開帳肢だったら

足が外側に開いてしまう状態を「開帳肢《かいちょうし》」という。幼い頃に骨折していることに気づかずにすごしてしまうことなどで起こることもあるが、生まれつき開張肢のうさぎもいる。前足、後ろ足に関係なく起こり、複数の足で起こることも。また、小さい頃はわからず、成長してからわかることも多い。もし、迎えたうさぎが開張肢でも、足が開いていること以外は普通のうさぎと変わらないということを覚えておいて。ただ、オシッコやフンでお尻が汚れやすかったり、足を引きずったりすることもあるので、やわらかい床材を用意してあげよう。

肥満は万病の元

肥満は病気

肥満は病気ではないと思っている人もいるかもしれない。しかし、人間でいえば、標準体重より30パーセント以上重い状態を肥満症といって、医療の対象ともなっている。肥満がなぜ問題かというと、肥満によってなりやすい病気があるから。代表的なのは糖尿病や高血圧などの生活習慣病だ。

　ここまでは人間の話だが、うさぎも肥満によってかかりやすい病気があるのは同じ。ざっと挙げると、

・**飛節《ひせつ》びらん**…重い体重が足の裏を圧迫。床ずれのようになって足の裏に皮膚炎ができる。

・**皮膚炎**…体が太ると身づくろいがしにくくなり、体を清潔に保てずに皮膚炎が起こる。

・**熱中症**…脂肪が体温の放散を妨げ、体温が上昇しやすくなり熱中症を起こしやすくなる。

・**関節炎**…体重が重すぎると、骨や関節に負担をかけるので傷めやすくなる。

　など。また、体を曲げにくくなるので、栄養たっぷりの盲腸糞《もうちょうふん》が食べられなくなることも。そうすると、お尻まわりが汚れたり、栄養不足も心配。うさぎを健康に飼うためには、太らせないことがなによりも重要なのだ。

肥満の見分け方

　うさぎが肥満かどうかを見分けるには、どうしたらよいだろう。一つは体重測定。ネザーランドドワーフやホーランドロップといった品種の場合は平均体重が分かるので、それを目安に比べてみて。30パーセント以上重かったら、肥満症の可能性も。

　しかし、体格には個体差があるし、ミニウサギでは平均体重などわからない。そんな場合は、実際にさわってチェック。

×ろっ骨がさわれない

×背骨と腰骨がさわりにくい

脂肪のために、これらの骨がさわれないようだと肥満。

　ほかにもうさぎのお腹が左右にはみ出していたり、うさぎを横から見て背中が真っ平らだったりしても太りすぎの兆候だ。

うさぎのダイエット

　肥満の原因は、人間もうさぎも一緒。食べたカロリーが消費するカロリーより多いことが原因。なので、食事制限と運動がダイエットの方法となる。まずはリビングや屋外などで運動する時間を増やしてあげよう。食事制限としては、おやつやペレットの量を減らし、牧草中心の食生活にすること。一気に量を減らすと体に悪いので、減量はちょっとずつ。ただし、牧草は食べ放題でＯＫ。気長に体重を落としていこう。

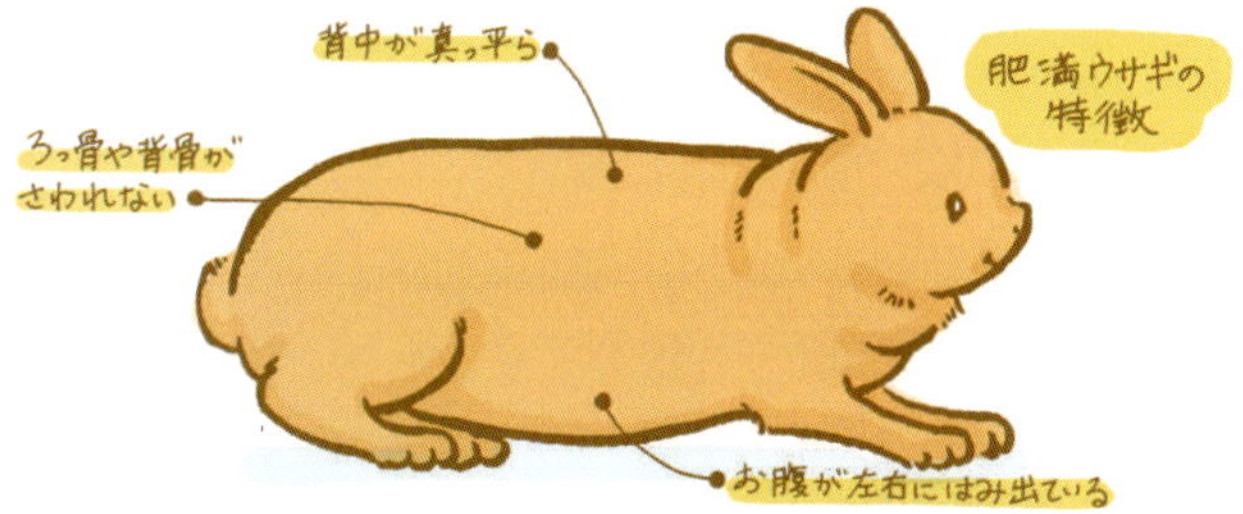

太らせないことがなにより重要

飛節《ひせつ》びらん

足のタコが皮膚炎に

飛節びらんは足底皮膚《そくていひふ》炎《えん》、ソアホックなどと呼ばれ、主にかかとにみられる皮膚炎です。まれに前足の手のひらにも生じます。ウサギの足の裏は、生まれてから体の毛が完全に生え揃う時点で完全に毛で覆われるようになります。成長するにつれてかかとや足の裏に毛の薄い部分が見られるようになり、次第にタコのようになっていきます。これはほとんどの健康なうさぎにみられるもので、年齢に応じた硬さと広さであれば問題になりません。正常と思われるタコと軽度の飛節びらんとの間に明確な境界は定められていません。

出血や膿みができることも

通常、後肢の足の裏に皮膚の炎症がみられます。病変部は赤く腫れあがり、まれに出血することもあります。この部分に細菌感染が生じると膿瘍《のうよう》が発生します。感染が皮膚表面から深部に至ると痛みが増し、うさぎは左右交互に足を持ち上げ、足踏みをしたり、前足に体重をかけたりするようになります。治療せずに放置すると感染が骨や関節に広がり、骨の中に炎症が波及する骨髄炎《こつずいえん》や全身に細菌感染が広がる敗血症《はいけつしょう》になってしまうこともあります。

硬い床や汚れた床が原因

ケージ内の湿り気のある汚れた床、金網やコンク

リート、フローリングなどの硬い床で飼育されているうさぎ、大型品種や肥満のうさぎ、頻繁にスタンピングするうさぎによくみられます。一部では遺伝的要因の関与も疑われるようになっていますが、多くは骨のすぐ上の皮膚が強い圧迫を受けることが原因で発生します。圧迫による血行不良で壊死《えし》した病変部に二次的にスタフィロコッカスという球菌が感染することで悪化します。

● 消毒液で洗浄、抗生剤の内服も

症状の程度によって治療法は異なります。ごく軽度な場合には飼育環境の改善だけで良くなることもあります。一般的な治療としては化膿した組織の中にどんな細菌がいるのかを確かめるための細菌培養と、その細菌に効果的な抗生物質を見極めるための薬剤感受性試験を行います。また、骨髄炎の有無を確認するために、足のX線検査を行います。病変部は消毒剤で洗浄し、壊死組織を除去します。その後、皮膚の再生を促すために創傷保護剤と伸縮性包帯で保護します。細菌感染に対しては、局所用抗生物質《こうせいぶっしつ》の塗り薬と細菌培養・薬剤感受性試験の結果に基づいた抗生物質の内服あるいは注射が推奨されています。ひどい膿瘍や骨髄炎を伴い治療に反応が乏しい場合には、太ももでの切断術が必要になることもあります。

真っ赤な腫れが足の裏に

スナッフル

パスツレラ菌が主な原因

スナッフルとは、くしゃみや鼻水を主とする呼吸器感染症の俗称です。1920年代にウェブスター氏とスミス氏が、うさぎの呼吸器感染症の原因はパスツレラ菌だったという報告を行って以降、現在でも「くしゃみや鼻水＝パスツレラ症」といった認識が浸透しています。実際にはうさぎの呼吸器感染症は、パスツレラ菌のみが引き起こしているのではなく、ボルデテラ、スタフィロコッカス、シュードモナスなどの多くの細菌が関与しており、時にはウイルスが原因となることもあります。また、病原体が関与しない非感染性の呼吸器疾患も同じような症状を表します。これはアレルギー、鼻や胸の腫瘍《しゅよう》、心臓や血管の疾患、強いにおいやほこりなどによる呼吸器への刺激や外傷が原因になることがあります。

呼吸のたびに「ズーズー」

パスツレラによるスナッフルでは鼻炎と副鼻腔炎《ふくびくうえん》によるくしゃみ、鼻水などの症状がよくみられます。初期には水様性の漿液性鼻《しょうえきせいび》汁《じゅう》、いわゆる「水ばな」ですが、進行すると白色から黄色の膿性・粘液性鼻汁、いわゆる「青っぱな」になります。鼻水は鼻のまわりの毛に付着し、うさぎがこれを毛づくろいすることで前足がカピカピになってしまいます。パスツレラに感染したウサギは鼻に詰まった鼻水を常に排出しようとするため、呼吸のたびに「ズーズー」といったスナッ

フリング・ノイズを発するようになります。

ストレスなどで発症

感染しているうさぎのくしゃみによって空気中に広がったパスツレラが主に鼻孔または外傷を通して侵入します。実験的には、パスツレラが鼻腔内に侵入すると1～2週間で鼻炎が発症するといわれています。パスツレラがいったん鼻に感染すると、感染は副鼻腔、気管、気管支、肺へと血液にのって広がっていきます。

ただし、ほとんどのパスツレラ属の細菌は粘膜上に生存しています。つまり、共生状態にあるのですが、うさぎがストレスにさらされるなどにより免疫力が落ちると、病原性を発揮します。

治療は１週間以上

パスツレラはほとんどの場合、抗生物質《こうせいぶっしつ》に対して感受性があるとわかっています。可能な限り薬剤感受性試験を行い、もっとも適切な薬剤を選択します。全身的な抗生物質治療には最低7～14日は必要で、慢性化している場合には3ヵ月に及ぶこともあります。抗生物質による治療は症状を消失させたり、予防したりすることはできますが、パスツレラを体から排除することはできないといわれています。

「青っぱな」で前足がカピカピ

毛球症《もうきゅうしょう》

胃の不十分な運動機能が原因

一般的に毛球症は毛を飲みこむことによる胃の閉塞《へいそく》と解説されていることが多いようです。しかしながら、正常なうさぎの胃の中身を検査すると、多くの場合、毛は存在しています。これはグルーミングによって飲み込んだものであり、正常な胃内容物と考えることができます。

胃の運動が正常であれば、飲み込んだ毛は少しずつ胃を通過し、繊維《せんい》とともにフンの中に排出されます。飲み込んだ毛がからまり過剰に大きくなることで毛球を形成することがありますが、これは胃鬱滞症《いうったいしょう》候群《こうぐん》の二次的な病態です。

つまり、毛球症は毛を飲み込んだことが原因で生じるのではなく、胃の運動がうまくいかず、飲み込んだ毛を排出できなくなることで生じるのです。

まれに毛球の固まりが胃から腸への出口を閉塞して急性消化管閉塞を引き起こすことがあります。こういった場合には迅速な対応が必要になります。

腹痛で歯ぎしりも

食欲が低下し、飲水量の減少もみられ、フンは通常よりも小さくなります。なんとなく元気がなくなり、活発に動かなくなります。胃の触診《しょくしん》では、パン生地のような触感、場合によっては毛の大きな固まりに触れることがあります。急性消化管閉塞の場合には腹痛のため歯ぎしりが目立ち、触診では胃が石のように硬く

なり、胃拡張が確認できます。

豊富な繊維で胃機能向上

毛球症は、前述したとおり胃運動の低下、いわゆる胃鬱滞症候群の二次的な病態です。

胃鬱滞症候群は糖質の割合が高いエサ、低繊維のエサ、ストレス、運動不足などによって発生すると考えられています。この症候群の特徴は、胃の内容物から液体成分が失われることで胃の運動性が変化してしまう点にあります。水分が不足した胃内容物は十二指腸への通過がうまくいかなくなり、さらなる鬱滞を引き起こします。繊維質の豊富なエサは胃運動を促進し、胃内での毛球の蓄積を妨げ、この病気の予防に役立つと考えられています。

薬の効き目はいまひとつ

胃鬱滞症候群に対して、さまざまな潤滑油《じゅんかつゆ》、タンパク質分解酵素、パパインやブロメラインなどの薬剤が効果的であるといわれていますが、反応はあいまいなのが現実です。

基本的には水分と繊維を多く含んだ流動食の強制《きょうせい》給餌《きゅうじ》、皮下補液あるいは静脈点滴を行い、胃内容物の水分を増やします。同時に胃の運動を刺激するために消化器運動促進剤を投与します。胃拡張、腹痛がある場合には消化器運動促進剤は与えず、鎮痛剤《ちんつうざい》の投与を行うのが一般的です。

詰まった毛球でお腹がパンパン

不正咬合《ふせいこうごう》

●「切歯不正咬合」と「臼歯不正咬合」

うさぎは切歯《せっし》、臼歯《きゅうし》とも伸び続ける常生歯《じょうせいし》をもっています。歯の伸びる速度は下あごの切歯が一番早く、1週間に2ミリほど。上あごの切歯は1週間に1ミリほどです。臼歯の伸びる速度ははっきりわかっていませんが、1ヵ月に1ミリほどと考えられています。

常生歯は、上下の歯が咬み合わさり、摩耗《まもう》することで正常な長さを維持しています。咬み合わせが悪くなり、適切に摩耗が行われないと、伸びるべきではない方向に歯が伸びてしまいます。これが不正咬合です。不正咬合には大きく分けて「切歯不正咬合」と「臼歯不正咬合」があります。

●食べたいのに食べられない

不正咬合のうさぎに共通する初期症状は▼食べたいのにうまく食べられない▼食欲が落ちてきた▼ペレットや牧草をうまくくわえることができない▼歯ぎしりをする▼ヨダレが出てあごの下が濡れている、などです。症状は徐々に進行して、ついにはものが食べられなくなってしまうことも少なくありません。

●小型うさぎは要注意

切歯不正咬合の原因は▼外傷▼ケージなどをかじり、それを手前に強く引く▼顔面の強打、などが一般的ですが、▼先天的要因▼感染▼老化、なども作用することがあります。1本の

歯が抜けたり、折れることで切歯不正咬合が始まることもあります。

臼歯不正咬合はさまざまな要因が関わっています。最大の要因とされているのが、品種改良による小型化。実際、3キロ以上のうさぎに臼歯不正咬合は滅多にみられません。また、先天的な構造異常、新生児期の栄養障害、成長期の外傷なども要因として考えられています。さらに老化や感染、切歯不正咬合からの二次的な発生もみられます。

飼い主が予防のためにできることは適切なエサを与えることです。牧草主体のうさぎは、ラビットフード主体のうさぎより不正咬合が少ないことがわかっています。

●専用器具で伸びすぎをカット

切歯を処置する場合、ニッパーなどで安易にカットすると、切歯が縦に割れたり、歯根を傷めることがあります。マイクロエンジンなどの専用器具を使って切りそろえることが推奨されています。この処置は、通常麻酔をかける必要はありません。

臼歯の場合、口を開けたまま処置するため、基本的には麻酔が必要ですが、近年、高性能の臼歯カッターが開発され、軽症であれば無麻酔で行えるようになりました。

切歯、臼歯ともに不正咬合は完治できず、ほとんどの場合、定期的な処置が必要です。

その歯、ヘンな方向に伸びてない？

結膜炎《けつまくえん》

大量の目やに

結膜炎は、結膜が充血、炎症を生じた病態で、感染性と非感染性に分けることができます。

うさぎの眼の病気では眼《がん》脂《し》、いわゆる「目やに」が見られることがよくあります。その程度は、涙やけだけのものから涙点からの白色眼脂の流出を伴うものまでさまざまです。このような症状をみたときに大切なことは、眼脂が結膜炎によるものなのか、涙嚢炎《るいのうえん》によるものなのかを鑑別することです。

結膜炎の主な症状は結膜の充血、発赤《ほっせき》、膿性眼脂があげられます。うさぎでは犬のジステンパーや猫の鼻気管炎のように、呼吸器感染症の症状の一つとして結膜炎が見られることはあまりありません。

オシッコのアンモニアで悪化

うさぎの結膜炎の原因は、品質の悪い牧草から出るホコリなどの非感染性物質のほか、パスツレラ、黄色ブドウ球菌、レンサ球菌などの感染性細菌があげられ、時にウサギ梅毒《ばいどく》の原因菌であるトレポネーマが関与していることもあります。野生のうさぎでは粘液腫ウイルスが関与していることも多いようです。また、実験動物のうさぎからはクラミジアが検出された報告もあります。まれに細胞学検査の結果から扁平上皮《へんぺいじょうひ》がんという悪性腫瘍が関与しているケースもあるため注

意が必要です。

尿を多く含んだ床材によるアンモニア濃度の上昇は、結膜炎を悪化させる要因になると考えられています。

抗生物質を点眼

結膜炎の治療には、抗生物質の点眼が中心になります。抗生物質の選択には眼脂の細菌学的検査、感受性試験を実施して、適切な薬剤を使用することが大切です。他に消炎剤の点眼なども併用することがありますが、角膜に傷がある場合にはステロイド点眼は使用せず、非ステロイドの点眼を用います。激しい結膜炎に角膜損傷が伴う場合で、痛み、流涙《りゅうるい》が著しく、うさぎ自身の苦痛が大きいと思われる場合には、抗生物質とステロイドの全身投与を行うこともあります。

涙嚢炎《るいのうえん》について

涙を鼻へと通す管を「鼻涙管」といいますが、この入口にある袋状の部分を「涙嚢」といいます。この部分の炎症が涙嚢炎で、鼻涙管が細くなったり、詰まってしまうことで発生することが多いとされています。実際には歯根周囲の炎症が鼻涙管に波及して涙嚢炎に発展しているケース、上部気道感染症による鼻炎から二次的に発生しているケースが最もよくみられます。粘り気の強い粘液性および膿性の眼脂が特徴的な症状です。

目が真っ赤なのはホコリのせい？

コクシジウム症

●腸コクシと肝コクシ

コクシジウム症とは、アイメリア属原虫の寄生によるうさぎの寄生虫病です。うさぎに感染するコクシジウムは12種類あり、病原性の程度は種類によって異なります。E.ペルフォランス、E.マグナ、E.メディア、E.イレシデュアなどの多くのコクシジウムは腸コクシジウムと呼ばれ、腸炎を引き起こすことがあります。E.スティエダエは肝コクシジウムと呼ばれ、肝疾患を引き起こします。

●黄疸がみられることも

肝コクシジウム症

軽症の場合は、わずかな成長不良がみられる程度ですが、重症の場合は肝機能障害や胆道閉塞《たんどうへいそく》に関連する症状を示し、性成熟前の若いうさぎでは亡くなることもあります。症状が進行するにつれて、食欲不振や元気消失がみられるようになり、最終的に下痢や便秘になります。腹部膨満や黄疸《おうだん》がみられることもあります。X線検査では肝肥大と腹水が認められます。

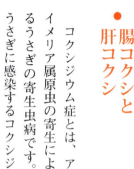

●ほとんどの場合は不顕性

腸コクシジウム症

ほとんどの場合、不顕性《ふけんせい》感染《かんせん》という状態で、感染しているにもかかわらず症状を示さないことが多いでしょう。症状が認められる場合は若いうさぎに多く、体重減少、粘膜や血液を含む下痢、脱水などがみられます。下痢が激しい場合に

は腸重積《ちょうじゅうせき》を引き起こすこともあります。死に至るケースは、脱水や細菌の二次感染によるものが多いといわれています。

● 感染源はフン

オーシストという原虫の卵のようなものがフンに混ざって排泄され、それがエサや飲み水を汚染し、再び口に入ることで感染します。

顕微鏡レベルでは、病原性のあるコクシジウムと非病原性のコクシジウムを区別できないため、糞便検査でコクシジウムが確認されたからといって確定診断にはなりません。実際には、病原性のコクシジウムと仮診断し、治療を始めることが多いようです。

うさぎは食糞をしますが、肛門から直接食べる盲腸糞には感染源となるオーシストは含まれていないといわれています。

● 免疫がつけば再発しないことも

腸コクシジウムと肝コクシジウムの治療には、サルファ剤という薬が有効です。動物病院では、スルファジメトキシンやスルファモノメトキシンという薬剤が処方されることが多いようです。トリメトプリム・サルファも同様の効果があります。昨今ではトリトラズリルという新しい薬も使用されることがあります。

薬の主な効果は、コクシジウムに対する免疫が成立するまで増殖を抑えることにあります。軽度な感染の場合、免疫が成立すると一生維持されるため、そのうさぎはコクシジウム症の症状を再び示すことはないといわれています。

激しい下痢で体力消耗

がん

うさぎにも多い「がん」

「がん」は「悪性腫瘍《あくせいしゅよう》」と同じ意味で使用するのが一般的です。悪性腫瘍とは他の組織に浸潤《しんじゅん》あるいは転移し、体の各所で増大する腫瘍のことで、放置した場合は死に至ります。うさぎでは子宮、皮膚、乳腺などでの発生がよくみられます。その他の腫瘍として胸腺腫《きょうせんしゅ》やリンパ腫も報告されています。飼育技術の向上でうさぎが長生きするようになり、うさぎにもがんが見つかることが多くなりました。

尿検査で早期発見を

子宮がん

子宮の悪性腫瘍で最もよくみられるのは子宮腺がんです。初期には明らかな症状がみられないため、発見が遅れる傾向にあります。早期発見には尿検査を行うのが簡便です。がんを放置すると、出血による貧血、肺への転移、がん性腹膜炎《ふくまくえん》により死に至ります。

しこりがあったら動物病院へ

皮膚がん

皮膚にできる悪性腫瘍には、基底細胞《きていさいぼう》がん、皮下リンパ腫、扁平上《へんぺいじょう》皮《ひ》がん、脂《し》腺《せん》がん、悪性黒色腫《あくせいこくしょくしゅ》などがあります。初期には皮膚のしこり以外に目立った症状はありません。放置すると、しこり壊れて痛みがでたり、各臓器へ転移します。

転移が多く、こわい「がん」

乳腺がん

乳腺に腫瘍がみられた場合、90パーセント以上は乳腺がんだといわれています。乳腺付近の皮下に不整形のしこりがみつかり、乳汁あるいは琥珀《こはく》色の液体が乳頭から分泌されることで発見されることが多いようです。症状は特別なく、痛みもほとんどないといわれています。乳腺がんはリンパ節、肺、その他の臓器へ転移しやすいがんです。

● 長い発情期が原因？

子宮の悪性腫瘍が多い原因は、うさぎの発情期が極端に長く、子宮が長期間、性ホルモンの影響を受け続けることに関連していると考えられています。乳腺がんも子宮がんと同時にみつかることが多いことから、原因も同じであると考えられます。

その他の悪性腫瘍は、老化によるもののほか、食事、ホルモン、環境（温度、湿度、照明など）、遺伝、微生物（ウイルス、腸内細菌など）などが原因となることもあります。

● 手術か抗がん剤

悪性腫瘍の治療は大きく分けて二つあります。一つは外科的に摘出する方法、もう一つは抗がん剤による化学療法です。放射線療法は行える診療施設が少ないことから一般的ではありません。子宮、皮膚、乳腺の悪性腫瘍の場合は、摘出するのが得策とされています。犬や猫ではリンパ腫や胸腺腫には化学療法を用いるのが一般的ですが、ウサギの場合にはステロイド剤による緩和療法が主体になります。

子宮、皮膚、乳腺がんに要注意

子宮疾患《しきゅうしっかん》

子宮疾患は避けられない？

子宮疾患は、メスうさぎが10歳まで生きると、罹《り》患率《かんりつ》が100パーセント近いといわれる病気です。子宮疾患には前述した子宮腫瘍のほかにも子宮内膜過形成《しきゅうないまくかけいせい》、子宮水腫《しきゅうすいしゅ》が含まれ、まれに子宮蓄膿症《しきゅうちくのうしょう》もみられます。うさぎでは犬や猫に比べて子宮水腫の発生が多いです。

硬くなった乳腺で発見も

子宮内膜過形成

胎児《たいじ》を育てるための子宮の内側にある膜（子宮内膜）が過剰に作られる病気で、嚢胞状《のうほうじょう》過形成、ポリープ様過形成などに分類されます。血尿、貧血、元気消失、食欲低下を認めることがあり、触診では硬く不整形の子宮や硬くなった乳腺を確認できることもあります。

子宮に液体がたまる病気

子宮水腫

子宮水腫は、子宮に液体が貯留した状態です。腹囲《ふくい》膨満《ぼうまん》、体重減少、呼吸数の増加が認められることがあります。

偽妊娠があったら要注意

子宮蓄膿症

偽妊娠後に膣《ちつ》から細菌感染が起こり、発症することがあります。粘液膿性の膣分泌物、食欲低下、体重減少、腹部膨満が認められます。

自然下と異なる出産サイクル

メスうさぎに子宮疾患が多い原因については、本格的な研究がなされているわけではありませんが、性ホルモンが関与していることは明らかです。メスうさぎの繁殖には際立った特徴があります。被捕食動物であるうさぎは、子うさぎのときに、天敵から襲われ命を落とす確率が高いため、メスうさぎはたくさんの子を産まなければなりません。そのため、交尾《こうび》の刺激によって排卵《はいらん》が起こる交尾誘起排卵という効率のよい排卵様式をもちあわせたうえに、発情期が極端に長くなっています。1ヵ月に数回、1日程度の発情休止期がある以外は年中発情状態が続いているのです。

自然下のメスうさぎは妊娠を繰り返し、1年に5～6回出産するといわれています。この場合、妊娠中にはプロゲステロンが優勢となり、それ以外はエストロゲンが優勢になります。ペットのうさぎでは1年に何度も妊娠させることはまずありませんので、ほぼ一年中エストロゲンが優勢になります。この不自然な状況が子宮疾患の多発に関係していると考えられているのです。

なるべく早く避妊手術

子宮卵巣全摘出術によって治療します。現在のところ、この方法以外の治療法は確立していません。内科的に止血剤などを用いても有効性はほとんどありません。手術はなるべく早期に行うことが大切です。

メスうさぎに警報 発病率100%!?

潜在率は50パーセント以上

エンセファリトゾーン症

エンセファリトゾーン症は、微胞子虫《びほうしちゅう》のエンセファリトゾーン・カニキュリの感染によって生じる疾患です。1997年～2008年に世界各国で実施した調査では、飼育うさぎのエンセファリトゾーン陽性率は58パーセントと高い数値でした。

主に神経症状が認められ、行動の変化、斜頸《しゃけい》、眼振《がんしん》、運動失調、発作などがみられます。その他、脳炎、腎炎、脾血管炎、脊髄神経根炎症などにも関連しており、眼の水晶体破壊性ブドウ膜炎の発症にも関与しているとされています。

エンセファリトゾーンは、母子感染で潜在感染したものが、急性に増殖することで発症すると考えられています。診断は難しく、臨床症状と抗体検査による仮診断で治療することが多いです。治療は、駆虫薬のアルベンダゾールやフェンベンダゾールを投与します。

膀胱内にあるうちに摘出を

尿石症

尿石症《にょうせきしょう》は腎臓、尿管、膀胱、尿道などの泌尿器系に結石《けっせき》ができる疾患です。うさぎは他の哺乳動物と異なり、摂取したカルシウム成分を消化管より常に吸収しています。また、尿中へのカルシウム排泄率は、大半の哺乳類が2パーセント以下であるのに対し、うさぎは45～60

パーセントです。そのため、健康時でも炭酸カルシウムを主体とした結晶や砂粒を膀胱内に認めることは少なくありません。

主な症状は食欲不振、体重減少、元気消失、血尿、無尿、排尿困難、歯ぎしり、尿やけで、これらの症状が複合して発症することが多いです。

超音波検査やX線検査で尿石を確認します。直径10ミリ未満の尿石なら自然排泄の可能性もありますが、尿道内に尿石が止まると、排尿障害や疼痛など症状が悪化し、外科的な摘出が困難になる場合があります。比較的容易に摘出できる膀胱内にあるうちに外科治療するのが得策です。うさぎの場合、犬猫の尿石と異なり溶かすことはできません。

ストレスなどで突然発症

皮膚糸状菌症

皮膚糸状菌症《ひふしじょうきんしょう》は、主にトリコフィトン・メンタグロフィテスという真菌、いわゆるカビの感染による皮膚疾患です。うさぎに常在していることが多く、栄養不良、環境不良、精神的ストレス、他の病気などが原因となり突然発症すると考えられています。人にも感染する動物由来感染症です。病変にはリング状の脱毛や、鱗屑《りんせつ》と呼ばれるフケのようなものが目立つようになります。かゆみや皮膚の赤みは、あまり認められません。

診断には鱗屑や被毛の顕微鏡検査、真菌培養を行います。治療にはイトラコナゾールなどの抗真菌剤を投与します。治療は6週間以上かかることも珍しくありません。

他にも気をつけたい3疾患

●濡れタオルで体を包む

熱中症

熱《ねっ》中《ちゅう》症《しょう》とは高温、高湿度の環境で起こるさまざまな体の障害の総称です。夏になるとテレビや新聞でよく目にする病気ですが、うさぎにも頻《ひん》発《ぱつ》する病気です。

うさぎは、暑さにも寒さにも弱い動物です。自然下では、住まいである地中の穴の中で、暑さや寒さをしのいで暮らしています。しかし、ケージの中で暮らしているペットのうさぎは、部屋の室温から逃がれることができません。もし、日本の真夏に、エアコンなしの部屋でうさぎを飼っていたら、熱中症になる可能性は非常に高いといえるでしょう。

熱中症の初期は耳が充血して赤くなる、呼吸が荒くなる、ぐったりするといった症状がみられます。重症の場合には発作、昏《こん》睡《すい》などの神経症状が表れ、40度以上の高熱が出ます。

家での応急処置は耳に水をスプレーしたり、濡らしたタオルで体を包んだりして体温を下げるようにします。重症化した熱中症は、救命率が非常に低いのが現実です。できるだけ早く症状を察知して、どれだけ早く動物病院に連れて行けるかが重要になります。

狭いケースで動きを制御

骨折（脱臼《だっきゅう》）

うさぎは骨がもろく、骨折しやすい動物です。原因の多くは、屋内の事故で発生します。高いところから飛び降りたり、人が踏んでしまったり、ドアに挟んでしまったり、ケージに足を挟んだり。まれなケースでは、自分のスタンピングで骨折することもあります。

うさぎの骨折は、脛骨《けいこつ》いわゆる「すね」の骨折が一番多いといわれています。その他、大腿骨《だいたいこつ》、中足骨《ちゅうそくこつ》、橈尺骨《とうしゃっこつ》、中手骨《ちゅうしゅこつ》、指骨《しこつ》、脊《せき》椎《つい》、下顎骨《かがくこつ》などあらゆる部位に骨折はみられます。脱臼は、膝《ひざ》のおさらが外れる膝蓋骨《しつがいこつ》脱臼のほか、股関節《こかんせつ》脱臼、肘《ひじ》関節脱臼がみられます。

うさぎは骨折や脱臼をしても、症状を隠そうとする習性のため、発見が遅れるケースが少なくありません。日ごろからうさぎをよく観察し、わずかな変化をいち早く察知することが早期発見につながります。

骨折や脱臼は、動けば動くほど状態が悪化します。明らかに足をかばっている時は、骨折や脱臼の可能性があります。うさぎの動きをできるかぎり制御するため、狭いケースに移しましょう。日にちが経過するほど治りにくくなるので、早期に動物病院に連れて行くことが大切です。

清潔なタオルで5分以上圧迫

爪折れ

本来、うさぎの爪は土を掘ったり、走り回ったりすることで自然に削れるので、爪が伸びすぎるということはありません。ところが、家の中でケージ飼育している場合には、爪は自然に削れることはなく、伸び続けてしまいます。伸びすぎた爪はすのこに引っかけたり、金網にひっかけたりして折れてしまうことがあります。爪が折れた際の出血はなかなか止まらず、不安になるものです。

応急処置は、まずうさぎを落ち着かせることからはじめます。やさしく声をかけ、うさぎの顔に手のひらをかぶせ目隠しします。その後、そっと抱きあげ、どの爪が折れていて、どこから出血しているのかを確認します。出血部位が確認できたら、清潔なタオルやハンカチなどで患部を5分から10分以上圧迫して止血します。この処置を適切に行えば、かなり出血している場合でもほとんど治まります。爪だけの損傷なら様子をみてもよいですが、爪の損傷と同時に足の骨折や脱臼をしている可能性があるため、動物病院で確認しましょう。

あくまで「応急」ということをお忘れなく

● まずは電源を切る

感電

うさぎはかじる性質があるため、電気コードなどをかじり、感電《かんでん》してしまう事故が少なくありません。電気コードをかじると、パチパチッという音とともに白い煙があがります。この時点で、うさぎがうまく電気コードを離せば唇や舌のやけどで済みます。やけどで済むといっても、治癒するまではエサがうまく食べられないため、流動食を強制給餌したり、やけどの治療として投薬したりしなければなりません。電気コードをかじったまま離せなかった場合は、肺水腫を起こしたり、ショック状態に陥り死亡してしまうこともあります。

うさぎが感電したときは、あわてずに、うさぎの体にさわらないようにしてコンセントを抜いてください。意識があるかを確認し、口元に耳を近づけ、胸の動きを見て呼吸しているかを確認します。うさぎの意識がない場合、胸をリズミカルにマッサージすることで呼吸を促します。また、内股の付け根をさわって脈拍が感じられるか、胸に耳をあてて心臓の音が聞こえるかを確認します。意識がない場合や呼吸をしていないときはもちろんですが、回復したようにみえても後から症状があらわれる場合もあります。必ず動物病院で診察してもらうようにしましょう。

病気の兆候を見逃すな

うさぎの体チェック

病気を放置したら「虐待《ぎゃくたい》」になることは、すでに勉強しましたね。病気の早期発見は飼い主の務め。日頃からうさぎをよく観察し、症状や兆候が見られたら、いち早く動物病院へ。

おなか

胃が石のように硬い→毛球症（p118）
乳腺が硬い、しこりがある
→がん（p126）、子宮疾患（p128）
琥珀《こはく》色の液体が乳頭から分泌→がん（p126）
おなかが張っている
→コクシジウム症（p124）、子宮疾患（p128）
しこりがある→がん（p126）

背中

しこりがある→がん（p126）
リング状に脱毛→皮膚糸状菌症（p131）
フケのようなもの（鱗屑）が目立つ
→皮膚糸状菌症（p131）
地肌が黄色い（黄疸《おうだん》）
→コクシジウム症（p124）

耳

充血している
→熱中症《ねっちゅうしょう》（p132）

顔

顔が傾いている（斜頚《しゃけい》）
→エンセファリトゾーン症（p130）
リング状に脱毛
→皮膚糸状菌症《ひふしじょうきんしょう》（p131）
フケのようなもの（鱗屑《りんせつ》）が
目立つ→皮膚糸状菌症（p131）

目

目ヤニがある→結膜炎《けつまくえん》（p122）
充血している→結膜炎（p122）
眼球が揺れている（眼振《がんしん》）
→エンセファリトゾーン症（p130）
白目が黄色い（黄疸）
→コクシジウム症（p124）

鼻

水様性の水ばな→スナッフル（p116）
白や黄色の粘り気のある鼻水
（青っぱな）→スナッフル（p116）
呼吸のたびに「ズーズー」音がする
→スナッフル（p116）

口

歯ぎしり→毛球症《もうきゅうしょう》（p118）、
不正咬合《ふせいこうごう》（p120）、尿石症《にょうせきしょう》（p130）
ヨダレであごの下が濡れている
→不正咬合（p120）

おしり

下痢をしている→コクシジウム症（p124）
フンが小さい→毛球症（p118）
便秘→コクシジウム症（p124）
血尿→子宮疾患（p128）、尿石症（p130）
オシッコがほとんど出ない→尿石症（p130）
おしりが黄色く汚れている（尿やけ）
→尿石症（p130）
膣から膿みが出ている→子宮疾患（p128）

後ろ足

足の裏が赤く腫れている
→飛節《ひせつ》びらん（p114）
足の裏に出血がある
→飛節びらん（p114）
爪から出血している→爪折れ（p134）

前足

爪から出血している
→爪折れ（p134）
カピカピに汚れている
→スナッフル（p116）

病気を見つけるのは、あなたしかいません

さくいん

さ

あ

か

な

た

ま

や

らわ

は

あとがき

本書「うさぎとはじめる新生活」は、２０１０年12月に発刊した月刊アクアライフ2月号増刊「うさぎのいろは」を書籍化したものです。タイトルや表紙写真を変更したほか、本文も一部加筆修正しています。

「日経ＭＪヒット商品番付」（日本経済新聞社）によれば、２０１０年は「スマートフォン」が東の横綱に選ばれました。知りたい情報が、スマホで簡単に検索できる時代に入った頃といえるでしょう。うさぎとの暮らし方についても同じ。書籍や雑誌だけでなく、いろいろなウェブサイトから情報収集することができるようになりました。

そんな中、「うさぎのいろは」では〝一覧性〟を一つのキーワードとしました。イラストや写真、見出しを組み合わせ、パッと見ただけで全体の内容がある程度わかるように工夫しました。そんなことも評価されたのか、「うさぎのいろは」は主に専門ショップなどからご好評をいただいたとのことです。ありがとうございました。その

参考文献

「ペットのいる暮らし
ソロモン Ｎｏ・９」
マリン企画　１９９８

「わが家の動物・
完全マニュアル ウサギ」
スタジオ・エス　２００６

「ウサギ健康百科
まるごと・うさぎ」
スタジオ・エス　２００４

長坂拓也
「カラー・ガイド・ブック
うさぎクラブ」
誠文堂新光社　１９９５

「牧草・毒草・雑草図鑑」
畜産技術協会　２００５

方針は、もちろん「うさぎとはじめる新生活」でも継承しています。

　書籍化にあたり加筆修正した部分は、主に「動物愛護法」関連や食事に関することなどです。「動物愛護法」は5年ごとに見直すことになっており、2010年の発刊から2013年に法改正が行われました。2018年も改正予定でしたが、編集時点では2019年通常国会にも法案は提出されていません。なお改正案では、罰則強化などがされるようです。食事に関することでは、「牧草のメリット」などについて追記しています。うさぎの食事に関する研究が世界中で行われており、牧草の重要性が再認識されているようです。

　また、巻末には「さくいん」を追加しました。この本は、最初から最後まで一気に読み通すというような本ではありません。うさぎとの暮らしについてわからないこと、知りたいことにアクセスしやすいようにしています。気になるところから、どうぞご覧ください。この本が、これからうさぎと新生活をはじめる皆さんのよき相談相手になってくれたらと心より願っています。

2019年3月

うさぎとはじめる新生活編集部

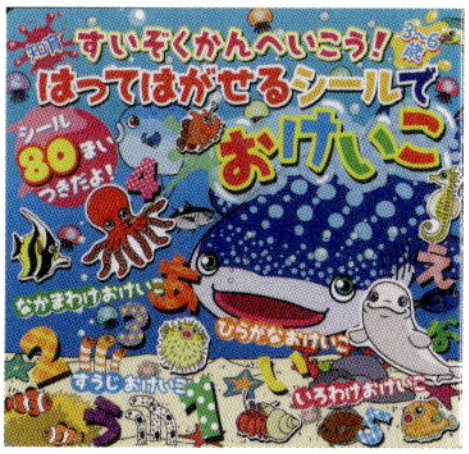

水族館の生き物たちが大集合!

はってはがせるシールで
おけいこ

小櫻悠太／絵
縦200㎜×横210㎜
10頁　780円+税

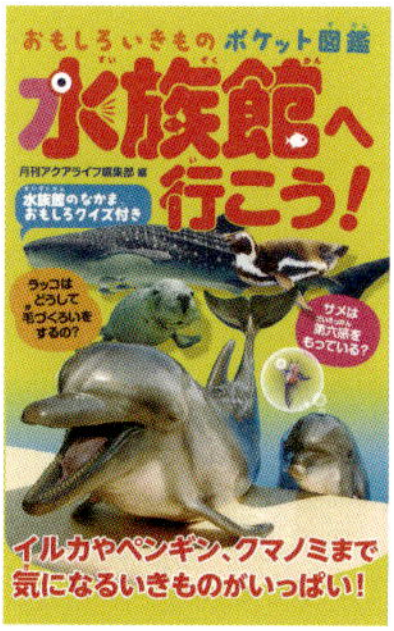

おもしろいきもの ポケット図鑑

水族館へ行こう!

月刊アクアライフ編集部／編
B6変型判　168頁　880円+税

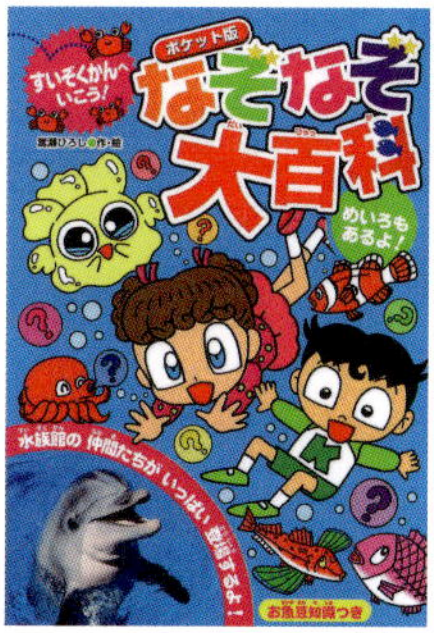

お魚豆知識、めいろもあるよ!

ポケット版 なぞなぞ大百科

嵩瀬ひろし／著
B6判　162頁　580円+税

奥深く楽しい金魚の世界をお届け

きんぎょ生活

きんぎょ生活編集部／編
A4判　1,600円+税　年一回発行

レッドビーほかエビの情報満載!

SHRIMP CLUB

シュリンプクラブ編集部／編
A4判　1,250円+税　年一回発行

すべての水草ファンに贈る!

AQUA PLANTS

アクアプランツ編集部／編
A4判　1,343円+税　年一回発行

発行人　石津恵造
編集スタッフ　野口一彦
装丁・本文デザイン　酒井はによ（はにいろデザイン）
進行管理・編集補佐　山口正吾、山田敦史
ライター　高見義紀（Verts Animal Hospital）
表紙・本文撮影　神田賢太郎
イラスト　ウスイヨーコ
ノムラ=ポレポレ
撮影協力　うさぎ舎
らびっとわぁるど
ZOO GROUP
Rabbit's Garden
協力　アイリスオーヤマ株式会社
イースター株式会社
株式会社川井
株式会社三晃商会
ジェックス株式会社
ドギーマンハヤシ株式会社
フィード・ワン株式会社
株式会社マルカン
写真　PIXTA（p2-3）

本書の制作にあたってご応募いただいたうさちゃんの写真とプロフィールを各章の扉ほかに掲載しています

MY new life with rabbit.

本書についての感想をお寄せください
http://www.mpj-aqualife.com/question_books.html

うさぎとはじめる新生活
2019年3月30日　初版発行

発売　株式会社エムピージェー
〒221-0001
神奈川県横浜市神奈川区西寺尾2丁目7番10号太南ビル2階
TEL.045-439-0160　FAX.045-439-0161
al@mpj-aqualife.co.jp
http://www.mpj-aqualife.com
印刷　大日本印刷株式会社

ISBN 978-4-909701-19-0
2019 Printed in Japan